快樂學習 1

# 生命魔法書

## The Magic Power of Life

邊成忠
李湘雄 ◆著

# 推薦序一

台北市金華國中校長　張岳仁

身爲長年在學校服務的教育工作者，推薦優良的課外讀物給學生閱讀，一向是我們的天職之一。基於以下所述的幾項理由，個人謹在此向國人推薦這本頗值得一般青少年閱讀的《生命魔法書》。

首先，藉著推薦本書，我希望國內的出版社與作家能致力於創造適合青少年閱讀的課外讀物，以豐富他們成長中的心靈。近年來，坊間充斥著日本的色情小說與漫畫，從教育工作者的角度來看，這種影響觀念與侵蝕價值觀相當嚴重的趨勢，值得國人注意。補救措施之一是，鼓勵國內的出版社與作家能致力於創造適合青少年閱讀的課外讀物，使這個園地與市場不爲國外的翻譯作品所壟斷。《生命魔法書》一書爲國人創作，內容兼顧趣味性與流行性，品質決不亞於國外的翻譯作品，值得加以鼓勵推薦。希望以後能看到國人為一般青少年，包括國小、國中、高中等學生，創造出更多合乎我國民情與文化特色的佳作，以滿足其閱讀需求。

第二，本書文筆清新流暢，能以同理心的角度，關照到青少年的口味，故事性強，很適合一般青少年閱讀。

第三，本書極富想像力，對於青少年具有啓發價值。鑒於台灣屬於淺碟經濟型態，因天然資源不足，經濟發展極易受國外競爭影響，加上經濟全球化的趨勢日益明顯，未來國人勢必要在「創造力」方面深耕，才足以在競爭激烈的全球舞台上佔一席之地，因為有了豐富的創造力，則事物就有無窮盡的可能。近些年來，我個人也常常跌入沉思，總希望從學校畢業的學子，日後進入工作的世界之前，能身擁百寶箱，順利地謀生與貢獻社會，而今日的學校教育也必須重視「創造力」的培養，才能厚植國力。例如，配合動畫技術的成熟，如果國人擁有豐富的創造力，就可以創造出各種漫畫、玩具、甚至影片，語言加以轉換之後就能行銷全世界，為國家賺取可觀的外匯。這當中需要許多因素的配合，但是「創造力」則是無可取代的關鍵。

第四，《生命魔法書》一書以魔法世界爲背景，除了故事性強之外，更環繞著ＤＮＡ等生物學的知識素材來撰寫，可以在不知不覺中灌輸青少年正確與最新近的科學知識與觀念。如果青少年的課外讀物都能以此一取向創作，則青少年一方面可以排遣課業的壓力，另方面又能吸收到正確知識與觀念，並能激發其想像的空間，可謂一舉數得。

綜合上述，《生命魔法書》一書兼具故事性、趣味性、知識性、及啓發性，本人謹在此向教育界工作者與家長們鄭重推薦，也希望國內的出版社與作家往此一方向努力，一起來關懷我們的青少年，關懷他們心智的成長，使我們的社會更有遠景與希望。

# 推薦序二

台北縣東山國小校長　邱惜玄

生命魔法書是一本適合中小學生閱讀的一本課外讀物。

此書的創作手法不僅給予讀者有類似愛麗絲夢遊奇境記的幻想空間，亦具有哈利波特的魔法神奇意境，作者亦以其獸醫系的知識背景，在整個文章中以ＤＮＡ相關的生物科技知識融入於故事情節中，使人閱讀起來不僅會隨著達克（書中的主角精靈）置身於故事的情境中，而且亦能在輕鬆的狀態下了解目前生物科技醫學所做的一些研究，如ＤＮＡ鑑定、複製羊、基因改造、器官移植……等相關常識，更難能可貴的是此書運用劇情的鋪排無形中掌握了人性的關懷及生命教育的意義，此為本書的一大特色。

本書共有十五章在〈序章．另一個神秘的世界〉中，介紹了整個故事中魔法世界的

重要人物包括主角達克、雷蒙（達克的雙胞胎哥哥）、小瑪麗（達克的媽媽）魔法導師、精靈長老、魔法戰士、魔法師、小精靈、黑暗精靈……等。而在〈第一章・生命的幕後推手——初訪ＤＮＡ〉中描述達克不小心誤觸了微縮魔法而進入了全宇宙最原始的ＤＮＡ，而爲達克展開一連串驚奇、夢幻式的旅行。在這些神奇的旅行中作者以深入淺出的筆調來說明細胞分裂、愛滋病毒、遺傳等相關生命科學知識，另一方面作者亦運用了各種魔法來喚醒人類要珍惜生命、尊重生命及愛好和平，此種魔法帶給讀者很多想像空間及增添不少故事的趣味性。最後達克歷經了無數的試煉後會成爲精靈界的魔法導師嗎？有賴讀者慢慢來品味，此書真的很不錯喔！

喬斯坦・賈德的《蘇菲的世界》讓枯燥的西方哲學史變得鮮活，我相信這本《生命魔法書》也必然可讓中小學生對不是那麼好懂的生命科學興味盎然。

# 自序

對從小就喜歡胡亂寫東西的我來說，出版一本屬於自己的書，一直是我的夢想，我常常想，如果有那麼一天，有出版社願意承擔賠錢的風險，夠勇氣給我一個寫書的機會，我會寫一本什麼樣的書，關於這個答案，我想了何啻千百個，其中包括社會寫實小說、言情小說、武俠小說、散文等等，但是當我完成了《生命魔法書》這本書時，我知道，以前的答案全都錯了，即使現在我完成了這本書，我仍不知道自己寫的是一本什麼樣的書，這個答案對我仍是一個謎，其實我很難想像自己會寫這樣一本連自己都不知道如何定義的書。

想了很久，才決定使用「達克」來當作主角的名字，很多朋友聽到「達克」這兩個字的時候，頭頂都浮現了無數的問號，紛紛問我爲什麼要用「達克」這個名字。我想「達克」這個既普通又平常的字眼，對我這個平凡的人而言，是再適合不過了，在書中，我創造了許多個性，從魔法世界的精靈至基因世界的ＤＮＡ，達克、雷蒙、貝亞、阿多夫、

蘿絲……一直到賽加、比思克、萊斯等等，每個人物都有自己的性格，有些性格比較突出，有些則是一般性的性格，但從這些角色的身上，不難看出，或許身旁就有這種性格的朋友存在。所有的角色不論在書中所佔的分量多寡，對我來說，他們每個對這本書都一樣重要，「達克」就靠這些角色一點一滴的累積而完成的；就像曾出現在生命中的朋友一樣，即使只是匆匆一瞥，對我的人生也都有很重要的影響，畢竟人生也是靠這些朋友慢慢成形的。

書中有很多的看法，都只能屬於個人觀點，不論你同意也好，一笑置之也罷，很多的事實，多數人包括我在內，都只能看到表面，但是表面就代表一切嗎？大概只有住巷子裡的人才能明白表面之下所謂的真理了。我實在不知道，一個人的一生究竟能學會多少東西，又能懂得多少自己曾學過的東西，但我知道即使學得再多，懂得再多，有再大的權勢，如果不會爲別人著想，只是汲汲於自己的利益，不論有著多亮多耀眼的光環，終有子虛烏有的一天，當光環不再時，是否曾想過，自己還能擁有什麼？朋友？還是家人？

我不想爲這本書寫些什麼，認爲它是本好書的人，會覺得它是一本值得一看的書，反之，則會把這本書當作垃圾，一文不值，既然這種標準是由人心所定出來的，我也沒有必要爲這本書說些什麼。不知道有沒有機會爲這本書出第二集，所以只想利用這個機會抒發一下自己的心情，同時，也要感謝指導我的毛嘉洪老師及孫慧玲老師，不怕風險的李茂興先生以及所有幫助過我的人。

# 目錄

序章

# 另一個神秘的世界

# 【3】序章

魔法世界即將面臨一場無法預知的改變，而懵然無知的達克仍悠哉的在教室裡呼呼大睡。

一根手杖凌空飛來，橫越教室上空，不偏不倚的重重敲在坐在最後一排的達克頭上，「咚」地一聲，發出清脆悅耳的響音，把達克從睡夢打回現實的世界中。

「達克！上課不好好聽講，只知道睡覺，難怪你哥雷蒙都畢業十多年了你還在唸小學，再這樣下去，可能你一輩子都要待在小學裡了。」在講台上的魔法老師一面喋喋不休的唸著達克，一面施魔法收回剛才敲在達克頭上的手杖，隨著魔法老師的咒語，手杖乖乖地回到了魔法老師的手中。

在精靈中，達克可算是英俊挺拔，翠綠色的皮膚，大大的眼睛，高挺的鼻子，漂亮的菱形嘴唇，只可惜眼睛大而無神，高挺的鼻子總留著一絲鼻涕，所有精靈莫不爲達克空有漂亮的外表感到惋惜。

「唉喲！好痛！」達克摸摸頭上腫起小包，稍稍睜開惺忪的睡眼，嘴裡還不停小聲嘟嚷，說：「臭老師，打得頭好痛，剛剛我已經夢到當了最偉大的魔法導師了說，只可惜被你這個三流的魔法老師敲醒我的好夢。」

在魔法世界裡，精靈們一出生就具有魔法細胞，天生擁有使用魔法的能力，每個精靈的魔法細胞數目都是一定的，但是學習能力越高的精靈，可以使用的魔法細胞數量越多，魔法的力量也相對越大。十歲以後每個未成年的精靈都必須進到魔法小學接受魔法的養成訓練，養成訓練主要是教導這些未成年的精靈們使用一些最基本的魔法，像是騎掃帚、製造照明的光球這類的生存所需要的基本魔法，當這些未成年的精靈們學會了基本的魔法之後，也就具備在魔法世界獨立生活的能力，就可以被認定是成年的精靈了。並且可以依照自己的資質，自由決定要不要到魔法中學，甚至魔法大學，學習更進一步的魔法。特級魔法研究所則是只有少數極優秀的精靈才能進入，主要不是學習魔法，而是研究新的魔法，所以在魔法世界裡的精靈，沒有不會魔法的精靈，不過世事沒有絕對，現在就出現了一個完全不會魔法的達克。

「達克，你來試試騎掃帚看看，這可是魔法世界裡最基本的，所有的小學生畢業以前都要學會，不然就不能畢業喔。」魔法老師親切的笑著對達克說道。

達克低下頭，兩眼四下亂瞧，小聲的說 :「我不會。」全班的小精靈不禁哄堂大笑。

魔法老師一下子從親切的言語轉變成銳利的斥責，大聲的說:「不會?不會還夢想當

最偉大的魔法導師，你以爲小聲的說我就聽不到嗎？我們精靈的耳朵長那麼長就是要聽清楚悄悄話的，不要以爲小聲說我就聽不到，如果一天到晚只會做白日夢，是什麼事都做不成的，看看你哥哥，不但精通各種魔法，對生命的研究尤其讓人佩服，要多跟你哥看齊，懂不懂？」

達克被魔法老師突然增大的音量嚇了一跳，連忙回答：「懂！」這句話在達克十數年的小學生涯裡，不知道己講過幾千次，可是就從來沒實現過。

魔法老師拍拍手，對著全班的精靈說：「好了，今天是最後一堂課，明天開始畢業考試，每個人都要學會騎掃帚，而且要能控制自如，這是最基本的，否則就畢不了業，希望這次每個人都順利畢業。」說完全班一哄而散，只有達克單獨被魔法老師留了下來。

等全班的精靈都離開教室之後，魔法老師慢慢地走到達克面前，拍拍達克的肩膀，安慰達克說：「我已經教了你十多年，可是卻一直沒有辦法教會你最基本的魔法，可能是我的教法有問題，不過，你也應該要負點責任，對不對？如果你肯認真的學習，應該不致於什麼都學不會才對，希望這次你不要再被留級，好好加油吧。」

這句話，達克已經聽了十多次「不要再被留級」：「唉！談何容易。」在回家的路上，達克自言自語著。

精靈聚集的村莊在森林中央的一個廣大空地，東面是魔法小學及魔法師的試煉場，過了魔法小學繼續向東走，就可到達大海。西面是魔法中學及魔法大學，再過去可以看到終日雲霧環繞，連綿不絕的高山，山上終年積雪，當雪溶化成水時，雪水會沿著河道，通過森林、村莊並流向大海，這條河流也就成爲整個魔法世界賴以爲生的支柱。村子的南方是特級魔法研究所。北方則是一片廣大的沙漠，再往北走就是魔法世界的禁地——黑暗谷。村莊中央是個廣場，精靈們所有的活動都在這裡舉辦。達克的家就住在村莊的東北角。

達克在森林裡低頭走著，不時踢著腳下倒楣的石頭，把石頭踢得老遠。貝亞迎面走來，遠遠的看見達克，加快了腳步走到達克面前，停下腳步向達克揮了揮手，達克太專注於想著老師的指責，沒注意到貝亞的存在，與貝亞擦肩而過，貝亞看著達克從面前走過，說：「達克，要回家了？怎麼不理我呢？」

達克聽到她的聲音突然心跳加速，回頭看到她，翠綠色的臉龐更泛起一絲紅暈了，羞澀的說：「對……對不起，我不是不理妳，只是沒注意到，抱歉抱歉！貝亞妳呢？妳現

# 【7】 序章

在要去哪裡。」

貝亞長得嬌小可愛，而且聰明活潑，兩個大而深邃的眼睛裡，各放了一顆像海水一樣碧藍的眼珠，深褐色的頭髮長及腰際，右邊的耳朵總掛著一個可愛的鈴鐺。

貝亞落落大方的拍拍達克的肩，說道：「今天是魔法師鑑定考試的日子，我現在正要去接受測驗，真希望可以趕快成爲魔法師，說不定以後我會變成你的老師也說不定呢！想不想要當我的學生呢？開玩笑的，你今年一定可以順利畢業，我對你有信心，加油。」

達克心想：「如果貝亞來當我的老師最好不過，可以天天看到貝亞，真是死都甘心。」想到這裡，達克頭頂不禁冒出陣陣白煙。

貝亞見狀，關心摸摸達克的額頭，說：「達克，你怎麼了，你怎麼會變這麼熱，身體不舒服嗎？要不要早點回家休息？」

達克連忙把頭縮到一旁，揮手解釋道：「沒事，沒事。」

貝亞笑了笑說：「沒事就好，不跟你多說了，我要去考試了，祝我考試順利吧！」貝亞說完就轉身離開，往試煉場走去，達克站在原地，痴痴地望著貝亞離去的身影，一直等到貝亞的背影完全消失才繼續走向回家的路。

雷蒙、達克和貝亞是同年的精靈，也是從小的玩件。學習魔法的能力在年輕一輩的精靈中，只排在雷蒙之後。所以精靈世界中長者對貝亞一直疼愛有加，年輕一輩的精靈更視貝亞爲夢中情人，當然達克也是其中之一。但在貝亞眼中，雷蒙是自己唯一心儀的對象，爲了避免麻煩，貝亞特別爲追求者訂了一個條件，唯有魔法能夠超越自己，才有資格成爲追求者，年輕一輩的精靈中，雷蒙是唯一符合條件的精靈，可惜的是，雷蒙似乎唯一感興趣的就是魔法，對感情的事一向都很冷淡，或許世界上的事情就是這麼奇妙。

魔法世界中地位最高的是魔法導師，要成爲魔法導師必須要對魔法世界有非常非常重大的貢獻，從上一任的魔法導師消失之後，魔法世界再也沒有出現這樣的精靈，所以魔法導師的位置就一直出缺到現在。其次是精靈長老，精靈長老通常由輩份最長或有傑出貢獻的精靈擔任，目前的魔法世界是由輩份最長的一位精靈出任，主要的責任是領導整個魔法世界。魔法戰士的地位在精靈長老之下，在魔法世界中是一種極高的地位像徵，除了要畢業於特級魔法研究所之外，還必須研究出一種受到三位魔法戰士認同的高級魔法，才能取得魔法戰士的資格，所以在魔法世界裡，魔法戰士的數目並不多，平均大約每五百年才能出一個魔法戰士。魔法戰士最大的責任是保衛魔法世界的所有生物不受黑

暗谷的怪物侵擾，同時也是魔法大學的老師。再來是魔法師，魔法師是各級魔法學校的老師，要考魔法師必須魔法大學畢業的精靈才具有應考的資格。然後是一般精靈，這些精靈佔了魔法世界的絕大部份。最後是精靈小學生，這群精靈小學生是還沒從魔法小學畢業的精靈，基本上他們還不具有成爲精靈的資格，達克就是這個階層的精靈小學生。

達克走回家裡，他一直想不透，爲什麼雷蒙這麼聰明，自己卻這麼笨呢？轉到門後拿起了掃帚，達克口中唸起控制掃帚的咒語，可是掃帚依然相應不理，沒有反應就是沒有反應，達克試了幾次都得到同樣的結果，氣忿的用力把掃帚丟到牆角，罵道：「你這個可惡的小掃把，都不聽我的話，小心我把你拿去燒掉。」

一會雷蒙回到家中，看到達克臉上掛著不悅的表情，問道：「達克，今天在學校還好嗎？怎麼看起來不太高興的樣子，是誰那麼大膽又惹了你，老哥替你報仇去。」

「沒有啦，只是恐怕又要再留級一次了，我覺得好煩，一直都學不會最基本的魔法，我覺得好像所有的東西都在和我作對，好像除了我之外，誰都可以輕易的學會騎掃帚。」達克滿腹委曲，苦笑的說：「是不是我一點魔法細胞都沒有，我好擔心以後怎麼辦。」

雷蒙安慰達克，說：「放心好了，只要好好練習，我相信很快就可以學會。」

達克神情黯然，淡淡的說：「可是我覺得所有的精靈好像都瞧不起我，我都不知道活著有什麼用，好像只是為了製造笑話給大家笑笑而已。」

雷蒙走到達克面前，雙手拍拍達克的臉頰，說：「我說達克，天生我才必有用，你不要這麼自暴自棄，可能是你開竅比較晚，對了，你不是很喜歡貝亞嗎？你可以試試看把貝亞當作目標，想像著一定要超越她，這樣可能會有所進步。順便提醒你，我的研究室裡的東西千萬別亂碰，因為我現在正在研究一種『微縮魔法』，如果你不小心碰到了，會發生什麼事我也不知道，懂嗎？」

「喔！我知道。」達克不假思索隨意的回答，抬頭看著雷蒙，不斷的對雷蒙上下打量，疑惑的問著：「我真的很懷疑，到底我們是不是真的雙胞胎兄弟。」

「當然是啊，達克你怎麼會這麼想。」雷蒙笑著回答。

達克低著頭，無奈的說：「那為什麼我什麼都學不會，而你卻什麼都一學就會，是不是媽媽把所有魔法細胞都給了你，而且我覺得媽媽都不關心我，好像我在家裡好像是多餘的。可能把我丟掉你們會過得快樂一點。」

雷蒙搔搔頭，想了一下，回答說：「你想太多了，媽對我們是一視同仁，沒有對誰比

較好，別胡思亂想了，我還有事要辦，我出去了，待會媽回來就說我會晚點回家。」

雷蒙與達克是一對同卵雙胞胎兄弟，當小瑪麗生下這對兄弟時，曾引起魔法世界極大的震撼，魔法世界有史以來第一對雙胞胎兄弟——雷蒙與達克，他們的出生打破了精靈一胎生只能生一個精靈寶寶的觀念，因此他們一生下來就受到精靈長老特別的關注，精靈長老更預言他們會為魔法世界帶來不可預知的改變。

雷蒙不但兩眼精光內歛，嘴角更常掛著自信的微笑，而達克卻是一天到晚無精打采，懶洋洋的模樣，所以僅管他們長像一模一樣，卻從不曾被認錯。雷蒙與達克居住一個充滿神秘魔法的世界中，這個魔法世界和人類所在的世界處於同一個時間點，但不在同一個空間裡，只有當某些時空交錯的時候，魔法結界產生裂痕，精靈才會被人類所看見，只是這種機會並不多。

雷蒙和達克這一對兄弟在媽媽小瑪麗的肚子時，都想比對方早些接觸到外面的世界而成為哥哥，不幸的，達克因為在小瑪麗的肚子滑了一跤而變成了弟弟，對於無法成為哥哥，達克一直都耿耿於懷，也是達克最大的遺憾。兩人從小就進到魔法小學裡學習魔法，雷蒙的學習能力很強，從騎掃帚的初級魔法到穿梭時空的高級魔法，雷蒙學來得心應手，簡直就像天生就會這些魔法似的，也使得雷蒙從魔法小學一路到特級魔法研究所，都受到魔法老師的稱讚與嘉勉。

反觀達克卻是怎麼都學不會，根據魔法世界的規定，沒學會騎掃帚這種初級魔法以前是不能畢業的，以免造成交通意外，所以達克就在魔法小學一待十多年，當然這也算是達克的成就之一，因爲幾萬年來，達克是魔法世界中第一個在魔法小學待這麼多年的精靈。

雷蒙不只對魔法有興趣，對於生命更有深入的研究，他喜歡探索生命，他的問題也常常讓許多魔法老師舉雙手投降，但即使無法在魔法老師的身上得到答案，雷蒙一樣會用盡各種方式得到他想要的答案，漸漸的，雷蒙已經成爲整個魔法世界最有智慧，也懂得最多的精靈，根據精靈長老的預言，在不久的將來，魔法世界將出現每千萬年才會出現的魔法導師，雖然雷蒙的年紀並不大，但已經是年輕一輩的精靈中力量最強大，也是唯一取得魔法戰士美譽的年輕精靈，整個魔法世界的精靈都認爲雷蒙未來一定會變成世界上最偉大的魔法導師。慢慢的，達克也不再對當初沒當上哥哥而憤憤不平，就算那時爬得比雷蒙快而當了哥哥，現在也沒有辦法超越雷蒙的成就。

小瑪麗回到家，看到達克獨自坐在客廳發呆，笑著對達克說：「怎麼沒有出去玩，現在有好多精靈都在廣場那邊玩心靈傳導遊戲，要不要去看看？」

達克有氣無力的搖搖頭，回答：「我不想動，雷蒙說他會晚點回來，你不用等他了。」

「怎麼了？」小瑪麗蹲到達克面前，看著達克沮喪的臉，說：「是不是在學校又發生什麼事了，不要每次在學校不順利就怪東怪西，應該要先檢討自己，懂不懂？」

達克厭倦了小瑪麗的說教，轉過頭去不理會小瑪麗，小瑪麗無可奈何，起身逕自走回房間裡。在達克的心裡，一直都認爲小瑪麗很偏心的把所有的魔法細胞都給了雷蒙，而自己什麼都沒有，因此才會這麼笨，什麼都學不會，所以對小瑪麗始終都有一點怨恨，總覺得小瑪麗對自己很不關心，很不公平。

魔法世界和人類世界最大的不同，就是魔法世界中的所有生物的皮膚裡都有葉綠素，能夠吸收光能量來補充自己所需的能源，唯一需要的食物就只有水。魔法世界的生物之間也有相同的語言，可以彼此溝通，所以生活在魔法世界，不論動物或植物，都很和平的相處，沒有生存競爭也沒有任何的利益衝突。

有光明就有黑暗，在魔法世界裡也有一個光無法照到的黑暗角落，在這裡住著一群皮膚黝黑的精靈及許多兇猛的怪獸，這些雷蒙膚的精靈被稱為黑暗精靈。幾千萬年來，他們就一直住在這個沒有光的角落，為了生存不斷的相互殘殺，魔法世界的精靈們稱這個地方為「黑暗谷」，不知道從什麼時候開始，黑暗谷就被列為魔法世界的禁區。

黑暗谷是一個四面環山的深谷，山峰高聳入雲，上空始終被一朵紅色的雲所包圍，任何飛禽走獸都無法越雷池一步。黑暗谷四週都被魔法結界包圍，以防止谷內的生物進入魔法世界裡，也沒有精靈敢輕易踏進黑暗谷，偶爾會有一些較小的怪物穿過魔法結界，進到魔法世界，為害精靈和其他生物。相傳谷裡除了住著許多兇猛的怪物及黑暗精靈外，最可怕的是兩隻上古魔獸，噬光獸及封印獸，古書記載噬光獸是隻三頭的魔獸，不但有很強大的力量，還可以抵抗任何魔法攻擊，並吞噬陽光與一切光明，所以黑暗谷裡永遠見不到光亮，終年不見陽光，所以被稱為黑暗谷。而封印獸卻像是個解不開的謎團，完全找不到任何相關記錄，也沒有精靈知道封印獸的真面目。

小瑪麗回自己的房間後，達克無聊的坐在客廳，不一會又站起來在客廳中來回踱步，無意中走到了雷蒙的研究室裡。

「咦！這是什麼？」達克看到眼前的景物，發出了驚異的疑問，在雷蒙的研究室裡，

達克看到一個懸空旋轉的光球，光球不斷發出和煦的藍色光芒，光芒柔柔的籠罩著整個研究室，驚訝之餘，達克完全忘記了雷蒙的叮嚀，慢慢地向光球走去，達克佇足在光球之前，仔細的看著這個光球。

達克在光球之中，隱約看見裡面有數不清的小精靈，開心的嬉戲、唱歌、飛舞著。小精靈身上散發著淺藍色的光芒，形成這個光球的外觀，這些小精靈除了比一般精靈小好幾號，藍色的皮膚，背上長著一對像蝴蝶的翅膀之外，簡直和一般的精靈沒什麼兩樣。好奇心驅使達克伸出他的手去觸摸這個光球，當達克的手接觸這個光球的一瞬間，光球突然間破裂，豪光自破裂的縫中暴射而出，強光照得達克幾乎張不開眼睛。光球中的小精靈也從裂縫中竄出，像剛重獲自由一樣四處飛散，消失在空氣中。達克嚇得趕緊縮手，頭也不回的跑離研究室，氣喘噓噓的跑回自己的房間，躺到床上抓起了棉子蒙住頭，不斷回想剛才的情形，心有餘悸的想著：「那個光球這到底是什麼東西，那些小不隆咚的精靈又是什麼，從沒見過這麼小精靈，會是雷蒙說的『微縮魔法』嗎？完了完了，被我弄壞了，等一下不知道怎麼跟雷蒙交待。」達克躺在床上，想著想著就睡著了，這雖然是達克的缺點，但也是達克最大的優點，不論發生天大的事，達克總是能很快的拋到腦後，然後安安穩穩的入眠，完全就像是沒發生過一樣。

達克睡得安穩，但是魔法世界的結構已經改變，黑暗谷的結界正慢慢的消失，這麼重大的變化，將對魔法世界造成極大的影響，而魔法世界的精靈們卻完全沒有察覺。

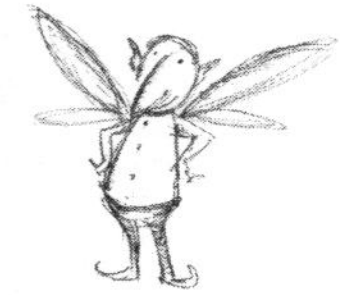

第一章

# 生命的幕後推手——初訪DNA

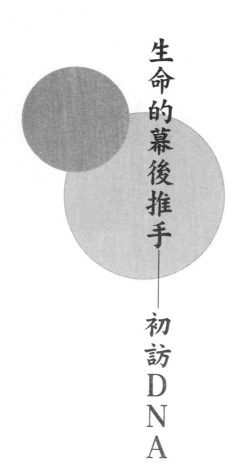

「你是誰，爲什麼闖入我的地盤？」突如其的聲音將達克從睡夢中驚醒，達克睜開眼睛，揉揉雙眼，發現自己正在水底，慌張的達克下意識的舞動雙手開始掙扎，掙扎了半天，一點事也沒有，達克慢慢感覺到，雖然身在水底卻能正常的呼吸和活動，就和在陸地上沒有分別。

剛才說話的是一隻很像蜈蚣，但又不是蜈蚣的怪東西，因爲沒有一隻蜈蚣的身體會長到達克看不到盡頭，達克根本就不知道，眼前這隻像蜈蚣又不是蜈蚣的怪東西到底是什麼。

達克瞇著惺忪的睡眼，打量著眼前的東西，好奇的問道：「能不能告訴我，你是誰？」說完又忍不住打了個哈欠。

「你竟然問我是誰？真是好笑的問題，私自闖入我阿多夫的地盤，還敢問我是誰，來人啊，把入侵者抓起來。」阿多夫一面說道，一面大聲喝令週圍的衛兵前來。

週圍一些奇形怪狀的東西聽到命令，個個怒目相視，猙獰著臉孔，一步一步的向達克逼近。

達克看到週圍一群兇神惡煞，虎視眈眈的向自己步步進逼，睡蟲已嚇得逃到九霄雲

外，害怕的直發抖，顫慄著說：「我是達克，是個精靈，我也不知道爲什麼會來這
只是在睡覺，醒來就已經在這裡了，我沒騙你，不信我可以發誓。」

「原來是個精靈。」阿多夫揮手，喝令衛兵退下，說：「我還以爲是病毒派來打探消息的，可是精靈怎麼會來到這種地方。」

「我自己也不知道，我只記得我在房間睡覺，然後就被你給叫醒了，連我自己都還迷迷糊糊的，這裡到底是那裡，我怎麼會在這裡？你能不能告訴我你是誰，究竟發生了什麼事？」達克不安的環顧四週，驚慌失措的問道。

「我是阿多夫，全宇宙最原始的DNA，你所在的地方是古吉蟲的體內，當宇宙成形，我可是第一個形成的生物，偉大吧！不過我也沒辦法解決你的疑惑。」

達克馬上就展現了自己最大的優點，一下子就忘了剛剛的驚慌失措，開始對眼前自稱爲DNA的阿多夫產生極大的興趣，說：「DNA是什麼？古吉蟲又是什麼？我怎麼會從來都沒聽過。」

阿多夫雙手揹在背後，慢慢走到達克面前，儼然說道：「古吉蟲是一種單細胞生物，所謂的單細胞生物，就是單一細胞自成一個生命體，獨立生活。生命所有的一切現象，

都在這個細胞裡完成。和你們精靈不同，你們是所謂的多細胞生物，身體是由許多相同的細胞共同形成組織，然後功能相同的組織再形成器官，然後這些器官分工合作才能形成你的身體……。」

達克不客氣打斷阿多夫的話，指著自己的身體，說：「那我的身體裡面有很多像你這樣的東西嗎？」

阿多夫有點不高興的說：「對，有幾兆個像我這樣的細胞。不過你這種行爲是不禮貌的，有禮貌的精靈一定要等別人說到一個段落之後才能說話，懂不懂？」

在魔法世界裡，從來沒有精靈教過達克禮貌的問題，達克回想爲什麼沒被教過說話的禮貌，很快的達克就知道原因了，最大的主因是達克很少動腦想問題主動開口說話，達克總是等到別人問才會開口說話，自然不會有打斷別人說話的問題。

阿多夫的指責讓達克覺得不好意思，連聲說道：「真是對不起，我不是有意的。」道完歉，馬上又對阿多夫說：「那我是不是比你還偉大，你只是相當於我身上的一個細胞呢！」

阿多夫駁斥達克，大聲的說：「小伙子，胡說八道，我才是最偉大的，比起我來，你只是微不足道的小子。當宇宙剛形成時，地面上沒有生命，只有一些氣體元素及水，在閃電的作用下，這些元素開始組成生命的物質，我就是那時被創造出來，古吉蟲是由我製造出來做為我的城堡，裡面所有一切也都歸我掌管，千百萬年來我就一直存在於這個世界，這麼久的時間裡，我所看許多世界的興起與滅亡，可以說是無所不知，有什麼問題都可以問我。」阿多夫越說越自豪，不經意的擺動了身體，這一擺動可不得了，擺動的振幅從頭開始向尾巴延伸，好像沒有盡頭似的，一波接著一波，更在這水世界中掀起了狂濤巨浪，將四週的一切都沖走。

急忙中，達克也不管禮不禮貌，保命要緊，達克慌忙的伸出手，牢牢地抓住了阿多夫的手，才沒被這突如其來的大洪水給沖到九霄雲外去，洪水過後，達克才心有餘悸的放開抓住阿多夫的手，說道：「好險好險，下次能不能先提醒一下，突然來這麼大的洪水，心臟差點被你嚇得從嘴巴裡跳出來。」

阿多夫雙手放在眉頭上，連聲抱歉說道：「對不起，小朋友，有沒受傷，實在是很久沒這麼開心了，所才一時失控，真是抱歉。」

達克看著阿多夫長長的身體，好奇的問：「我沒事，倒是我對你的身體很有興趣，你

的身體到底是怎麼組成的，怎麼會這麼長，長到我都看不到盡頭？」

阿多夫右手捻捻嘴上的鬍子，自傲的說：「嗯！問得好，我的身體說長不長，說短也不算短，總共有幾十億節，而且分成左右二邊，有沒有發現到，這些小節裡總共只有四種不同的模樣，有的有四隻手，有的有五隻手，而且配對的很有順序。」

達克仔細端詳著阿多夫，左看右看，終於似有所得，說道：「真的呢！怎麼會這樣。」

阿多夫左手揹在身後，右手則放在嘴前，輕輕咳了二聲，說：「四隻手的小節有二種，一種叫作A，又稱作腺嘌呤，另一種叫作T，又稱作胸腺嘧啶，A和T各自一隻手拉著前面及後面的小節，另外二隻手則相互拉在一起，而五隻手的一個叫做G，又叫作鳥糞嘌呤，另一個叫作C，又叫胞嘧啶，他們是以三隻手拉在一起的，就這樣一個拉著一個，延伸了三十多億個，而且你看，當左邊是A時，右邊就一定是T，左邊是G時，右邊就一定是G，從來都不會出錯。」

「那麼是不是你的小孩也會長得和你一模一樣呢？」達克問道。

「不一定，如果是像我這樣單性生殖的生物，只要沒有經過突變或重組，我的下一代DNA就會和我一模一樣，不會有任何的改變。可是像你這種雙性生殖的生物，因爲

DNA一半來自父親，另一半來自母親，所以每個個體的DNA也都不會相同。」

達克想了想，眼睛轉呀轉的，盯著阿多夫，不懷好意的笑著說：「你拖著這麼長的身體，不會覺得累嗎？而且這麼一長串，會不會很容易就斷掉？如果斷掉了怎麼辦？」

這是達克第一次自己動腦筋想事情，對達克來說，這可是破天荒的事，如果小瑪麗知道達克已經會自己動頭腦，可能會高興的三天三夜睡不著覺。

阿多夫搖搖頭，呵呵的笑著，說：「傻孩子，DNA哪會那麼容易斷掉，而且我身上每個小節都是有功用的，他們可以用來控制整個細胞的運作，如果真的少了一段，可真是傷腦筋，不知道怎麼辦才好呢！怎麼會嫌他們太長太多。」

「怎麼說呢？他們有什麼功用？」達克盤腿坐了下來，手托著腮幫子，側著頭問道。

咚的一聲，阿多夫在達克的頭上敲了一下，說道：「沒分寸的小伙子，在老人家面前這樣隨隨便便，你不覺得沒禮貌嗎，我是不會告訴沒禮貌的傢伙任何事的。」

達克聽到阿多夫的指責馬上站直了身子，向阿多夫深深一鞠躬以示賠禮，阿多夫點點頭滿意的說：「孺子可教也，好吧，我就告訴你，因爲在我身體的每三個小節就代表一個訊息，而這個訊息可以告訴我的子民們該製造那些蛋白質，這樣我就可以透過A、T、

G、C四種不同小節的排列組合，變化出六十四種訊息，我的王國中的二十種胺基酸要做那些不同的排列組合，就全靠這六十四種訊息了。」

達克搔搔頭，疑惑的問道：「你說的我全部都不懂，從前在學校也沒學過這些，什麼A啦、T啦、C、G的，聽都沒聽過。」

阿多夫耐心的說：「沒關係，這些東西也不是簡單說一說就能懂的，我先帶你參觀我的王國，慢慢向你說明，你就會比較了解。」爲了避免再度引起大洪水，阿多夫連轉身都得小心翼翼的。

阿多夫帶著達克，開始在古吉蟲的身體裡面參觀，他們首先碰到一個和阿多夫長得很像，但是比阿多夫小很多，圓圈狀的物體，阿多夫說道：「達克，你看，他叫做質體，他並不是我製造出來的，不過我也忘了他是什麼時候突然跑到我的王國裡來的，他雖然是外來的，但是卻幫了我很多忙。」阿多夫說完接著向質體說道：「質體，這位是我們的小客人，他叫達克，你向他自我介紹一下。」

質體有禮貌的向達克打招呼，說道：「我是質體，達克你好。」

「質體你好。」達克也恭敬的回應，看著質體，達克問道：「你爲什麼跟阿多夫長得那麼像。」

質體說道：「因爲我的工作和阿多夫差不多，都是利用身上的小節來傳遞訊息，不過阿多夫是負責管理整個王國，我擔任的是保護這個王國的任務，如果有人想要用毒藥加害王國，我就會針對那個毒藥產生對抗毒藥的蛋白質，讓王國不再受到那種藥物的威脅。而且，我也可以分身，把我的分身派到另外一個需要我的古吉蟲裡面，去協助另一隻古吉蟲的DNA對抗藥物，所以，在人類的世界裡，人們最討厭的就是我了，因爲我這種對抗藥物的特性，總是讓人們吃足了苦頭，白費他們的心血。」

達克雙手作揖，對著質體說道：「真是太偉大了，多虧了你替阿多夫守護家園，才能讓這個王國屹立千萬年。」

質體有點不好意思，謙虛的說：「不敢當，不敢當，除了我，還有溶小體和限制巖，他們對於這個家園的保護也是盡心盡力，如果沒有他們，光靠我也是不行的。」

「真的嗎?快帶我去找他們，我迫不及待想要見他們。」達克拉著質體的手，興奮的說著。

突然間，警報聲大作，阿多夫皺起眉頭，向達克說道：「病毒又來侵襲了，這些病毒

真煩人，老是喜歡找我的麻煩。你和質體先待在這裡，我到前面去看看情況。」阿多夫說完就轉身離開，一個不小心，又激起強烈的水流，達克拉著質體以免被沖走，身體在水中盪了半天，直到波浪稍事平靜，達克才重新站穩身子，並由質體帶著，尾隨在阿多夫後面，想看看到底是怎麼一回事，當他們到達現場的時候，只見一大堆東西混在一起，吶喊聲時起彼落，看得達克頭昏腦漲，完全摸不著頭緒。

不明情況最容易讓人緊張，達克一下看向阿多夫，一下看向質體著急的問：「阿多夫，現在到底是什麼情形，情況嚴不嚴重，我能不能幫你做什麼？」

阿多夫一面觀看戰況，一面向達克解說：「那個和我很像的傢伙就是病毒的ＤＮＡ，病毒是一種靠其他生物來讓自己繁殖，而且會過河拆橋的惡魔，通常他會把外殼留在細胞外面，ＤＮＡ單獨溜進細胞裡面，然後大量複製ＤＮＡ，ＤＮＡ會僞裝成我的樣子，指揮我的部下爲他製造蛋白質，再重新組成新的病毒，當病毒達到一定數量後，就把細胞破壞掉，再到外面重新尋找新的細胞來寄生，你說可不可惡。」

達克氣憤的說道：「真是太可惡了，怎麼可以這麼鴨霸，完全沒有道義，利用完就算了，還過河拆橋，真是小王八蛋。」

阿多夫指著正在呑噬蛋白質的小泡泡，說：「你看，那些正在呑噬病毒蛋白質的小泡泡叫做溶小體，他是我最重要的戰士之一，而且還兼任垃圾清運的工作，當他把入侵者或是垃圾呑下去之後，會把他們分解成小顆粒，然後運到城外丟掉。」

阿多夫接著又指向另一邊，對達克說：「那些正在將病毒DNA切成碎片的叫做限制巖，他們是我的親衛隊，像你們這種多細胞的生物是沒有的。他是我對付入侵DNA的最佳利器，每一種限制巖都會切斷特定順序的DNA，藉由許多種不同的限制巖，我就可以將入侵的DNA切成小小的片段，讓外來DNA不再對我的王國產生危害。」

達克看著正在和病毒奮戰的溶小體和限制巖，心中不由得對他們產生了敬意。戰況目前正陷入膠著，雖然溶小體和限制巖很努力的對抗病毒，但是由於病毒無聲無息的入侵，被發現時病毒已經複製了龐大的數量，而且數量還在不斷的增加當中，只見有大量古吉蟲的蛋白質正被病毒所控制，不由自主的幫著病毒進行複製的工作，在彼長我消的狀況之下，溶小體和限制巖已經開始慢慢的處於劣勢，眼看就要被病毒消滅了。

著急的達克望向阿多夫，只見阿多夫己是垂頭喪氣，空洞的雙眼不再有剛見面時的傲氣，現在的阿多夫完全不像是個自稱爲最偉大的狂人，反而像是個被蛇盯上的青蛙，

只是呆呆的站在原地等待命運的宣判。

達克不由得想到，如果雷蒙在就好了，以雷蒙的魔法一定可以化險爲夷，幫助阿多夫渡過這生死大關，想到這裡，達克彷彿聽到雷蒙的聲音說：「達克，你還好嗎？」這聲音雖然每天都在聽，但今天聽起特別親切，達克發覺自己未曾這麼期待聽到雷蒙的聲音。

喜出望外的達克大聲叫著：「雷蒙，你在哪，我需要你的幫助，阿多夫已經快不行了，你幫幫他吧！雷蒙，你聽得到嗎？雷蒙。」達克的聲音在激烈的戰場上迴盪著，聽來特別無助。不一會，遠方又傳來雷蒙的聲音說：「達克，你閉上眼睛，讓我透過你的身體使用『隔離魔法』。」達克不假思索的閉上眼睛，突然間達克腳低產生許多泡泡，這些泡泡從腳開始，圍繞著達克旋轉上升，一直到了頭頂，發出淡淡的光芒，向病毒飛去。好像有長眼睛一樣，每個泡泡都各自尋找一個病毒，將病毒包圍並與外界完全隔離，直到所的病毒都被泡泡困住，達克身上才停止產生泡泡。然後泡泡一個接著一個破裂，每隨著泡泡破裂，病毒也隨之消失，當所有的泡泡都破了之後，病毒也完全清除了。

即使達克只是將身體作爲雷蒙傳送魔法的媒介，也使得未曾施展過魔法的達克累得好像虛脫一般，達克氣喘吁吁的說：「雷蒙，幸好有你及時幫忙，不然後果真的是不堪設想，對了，雷蒙，你是怎麼找到我的。」

雷蒙的聲音又由遠處傳來，聽來又氣又急，說：「你呼叫我的那瞬間，我就已經和你心靈相通了，不過那是因爲你還在魔法世界裡，我們才能夠心靈相通，一旦你離開了魔法世界，那我就找不到你了。」

達克不停的喘著氣，說：「那我不離開不就行了，我就在這裡等你。」

雷蒙的聲音響起，說：「達克，時間不多，我先說一下你的處境，你碰到我的『微縮魔法』，因爲這個魔法還沒有完成，而且我也無法控制這個魔法，所以被你一碰就產生了時空錯亂，現在你還在魔法世界，等一下連我都不知道你會被移動到那個空間去，所以你要記著我說的話。」

聽到雷蒙這麼說，達克不禁緊張起來，雙手不停交互搓著，達克平時腦子就常常一片空白，現在則更加空洞，不久，達克漸漸冷靜下來，心想：「既然還要待在這裡一段時間，就不能再那麼依賴別人，只好一切靠自己，走一步算一步。更何況以雷蒙的能力，一定可以很快找到破解『微縮魔法』的方法。」想要這裡，達克深深吸了口氣，拉長耳朵，慎重的回答：「好，你說吧。」

「剛才我在你身上施展『隔離魔法』，同時也在你身上加注了一些魔法，你可以再使用一次『隔離魔法』，所以千萬不要隨便使用，除非生命受到威脅，懂嗎？我會趕緊想辦法救你出來，這段時間你要好好保護自己，剛才我在和你心靈相通的時候，發現經過時空錯亂的影響，你身上的魔法細胞有慢慢成長的現象，我現在就教你一些保護自己的魔法口訣，你要仔細聽。」天寬地闊、宇宙四方、風的翅膀、助我翱翔。天地無極、物換星移、……。雷蒙很認真的把咒語教給了達克，達克很努力的把每一個字牢牢記住。

雷蒙一口氣教了達克「飛行魔法」、「轉移魔法」、「隔離魔法」，達克也牢記在心，現在是非常時期，不比在學校裡，不想學也不行。教完達克後雷蒙說道：「只要好好練習，你一定可以學會保護自己，這段期間我要去找尋控制『微縮魔法』的方法，你要好好照顧自己。」

雷蒙說完這些話，聲音就沒再出現過了，只留下達克呆呆的站在原地，不知所措，而雷蒙的話彷彿還在耳邊迴盪著。

# 第二章

# 沒有物種界限的語言

達克消失在魔法世界的第十天，好不容易聯絡上達克，卻沒有能力將達克救出。雷蒙一直認爲是自己害了達克，如果不是自己創造了「微縮魔法」，達克也不會從魔法世界消失，於是開始將自己鎖在房間裡，不再和外界接觸，專心一意的尋找救出達克的方法。

小瑪麗自從失去了達克，終日心急如焚，每天在外遊盪，漫無目的地尋找達克，不論雷蒙如何勸阻，向小瑪麗說明達克已經不在魔法世界，這樣找是沒有用的，並保證一定會找回達克，小瑪麗就是不聽，執意要自己找到達克。小瑪麗的行爲更加深了雷蒙的罪惡感。

貝亞輕鬆的通過魔法師的試煉，進入魔法小學教未成年的精靈魔法，寧靜的課堂上突然傳來一陣尖銳的吼叫聲。

坐在窗邊的精靈沿著聲音望向窗外，看見遠遠的森林裡，一隻怪獸正慢慢走向學校，驚慌失措的叫了起來：「是多古米多斯！」多古米多斯是一隻全身火紅的獅獸，體型比房子更大，有著如蠍子般的尾巴。這種較大型的怪獸容易受到魔法結界限制，正常狀況是無法到魔法世界，但是自從達克接觸到「微縮魔法」之後，這類的大型怪獸就經常出現在魔法世界，而且出現的頻率越來越高。

全班的學生聽到多古米多斯的名字，恐慌不已，貝亞急忙安撫學生不安的情緒，鎮定的叫所有學生到走廊集合，依序往柴洞走去，柴洞不是一個洞穴，而是許多魔法戰士共同製造，用來避難的結界，結界力量可以阻止怪獸的攻擊，在學校、村莊、森林裡都有許多類似的柴洞。貝亞帶著學生走進柴洞，和其他年級的學生擠在一起，躲避多古米多斯。

多古米多斯一面嗅著精靈的味道，一面慢慢地朝柴洞前進，很快就來到柴洞前。多古米多斯看著柴洞裡擠成一堆的精靈，興奮的不斷流著口水，奮力往柴洞撲去。結界就像是一座無形的牆，多古米多斯一頭撞在結界上，撞得眼冒金星，痛得在地上打滾。

柴洞內的精靈看到這種情形，雖然很滑稽，但卻笑不出來，因爲眼前這隻怪獸很快又爬起來，改用身體不斷撞擊柴洞結界。只嚇得柴洞裡的這些精靈們鴉雀無聲，只能摒息等待救援。

不久，賽西亞和提拉終於趕到現場，精靈們看到魔法戰士到達，就像眼前的危機已經解除一樣，不再感到害怕。多古米多斯看了提拉一眼，張大口毫不猶豫的撲了上去，若是一般的精靈看到多古米多斯口中滿佈的利牙，來勢洶洶的模樣，早已嚇得魂飛魄散，

但提拉畢竟是身經百戰的魔法戰士，縱身一跳，已經脫離多古米多斯的攻擊範圍。

在多古米多斯著地的一瞬間，賽西亞把握時機，雙手合十，施展水系魔法——「水龍之舞」，地上捲起的旋渦將多古米多斯帶上半空中。提拉也配合賽西亞的水系魔法，使用「冰封世界」，將多古米多斯完全凍結，凍結的多古米多斯被「水龍之舞」的旋渦越帶越遠，直到消失在天際。

貝亞走出柴洞，向賽西亞及提拉致謝，說：「多謝兩位魔法戰士，不然我和這些學生還不知道該怎麼辦？」

提拉嘆了口氣，說：「也不知道爲什麼，最近魔法世界的怪獸越來越多，而且越來越難對付，長老已經下令禁止精靈私自進到森林，以免受到怪獸的攻擊。」

賽西亞接著說：「剛才魔法大學也受到攻擊，那隻巨型怪獸是第一次出現在魔法世界，比多古米多斯更可怕，已經有三個魔法戰士在剛才的作戰中受傷，魔法世界究竟發生了什麼事？怎麼會變得如此不安定，我真是擔心以後魔法世界會成什麼樣子。」

貝亞安慰賽西亞，說：「別擔心，這或許只是結界一時的不穩定，相信很快就能恢復。」

從前貝亞一直認爲，只要學好一般的魔法就可以，根本不需要學習攻擊性的魔法，而且作戰是貝亞最討厭的事情。但經過這件事，貝亞明白即使自己厭惡戰鬥，但身處在這個不安的環境中，只有研究更強大的魔法才能保護自己和其他精靈，所以貝亞決定進入特級魔法研究所。

§　§　§　§

達克步履蹣跚的走到阿多夫面前，說道：「你沒事吧，剛才真是好險，幸好能夠化險爲夷。」

阿多夫滿懷感激，激動之餘伸出所有的手拍拍達克的肩膀，說：「達克，這次真多虧了你，不然可能我已經不能在這裡跟你說話了，真是謝謝你，只是說也奇怪，爲什麼病毒入侵時沒有能及時發現。」達克看見阿多夫伸出成千上萬隻手，連忙把雙手放在頭上，保護自己的腦袋瓜，任由阿多夫的手把自己完全包圍。

達克笑著說：「不用客氣，能夠幫助你渡過這次的危機，我也覺得很高興。」

達克和阿多夫相偕走到溶小體及限制巖身旁，阿多夫一一和他們握手，說道：「溶小體、限制巖，這次真是辛苦你們了。」

溶小體和限制巖齊聲道：「陛下，這是我們應該做，只是這次差點無法保護陛下和這個王國，我們實在覺得很慚愧。」

阿多夫安慰溶小體及限制巖，說道：「沒有的事，你們表現的很好，真的很好，如果沒有了你們，我的王國早就沒有了，千萬不要太自責。」

達克也表示欽佩的向溶小體和限制巖致意：「是啊！看到你們奮不顧身的保護自己的家園，我真的覺得你們好偉大，不像我，從前只知道睡覺，也不想做其他的事情，所以才會被其他的精靈瞧不起，我一定要痛改前非，向你們看齊，好好練習魔法，以後可以用來幫其他精靈及所有生物。」

限制巖和溶小體向達克笑了笑，溶小體說道：「說來慚愧，這還是第一次遇到繁殖速度這麼快的病毒，如果不是你仗義相助，我們王國千萬年的歷史就要劃下句點了。」

達克不好意思說道：「沒有啦，那是我哥雷蒙的幫忙，他是目前所有精靈中最被長老們看好，能成爲魔法導師的精靈。」說完，達克繞著溶小體轉了一圈，把溶小體看了個仔細，說道：「溶小體，你的身體怎麼會長那麼多小顆粒，好像青春痘一樣，有沒有考慮整形，把身體弄漂亮一點。」

溶小體揮揮手，說道：「不行不行，那些顆粒可是我的秘密武器，裡面裝著分解酵素，可以分解外來的蛋白質，沒有這些顆粒，我就失去保護家園的武器了。」

此時大部分的溶小體都在清除戰爭所遺留下來的痕跡，蛋白質也開始修補被病毒破壞的部份，阿多夫和達克看著滿佈殘骸的現場，不禁感嘆了起來，一陣的沈默之後，阿多夫說道：「這次你協助我的王國，使我的王國免於滅亡的危機，以後你就是我的貴賓，只要你提出要求，我能力範圍之內的，我一定幫你做到。」

因爲剛才的體力消耗實在太大了，達克已經站不下去，偕同阿多夫一起坐在地上，說：「因爲這是我第一次接觸跟以前完全不同的世界，所以有很多的事情，我都完全不明白，你能告訴我嗎？」

阿多夫用手撫著下巴一根絕無僅有的鬍子，說道：「當然，只要是我知道的，一定全部告訴你，你有什麼想知道的事嗎？」

達克點頭，說：「爲什麼剛才那個病毒的DNA和你長得那麼像？雖然小節的排列方式不完全相同，可是真的很像。」

「因爲這牽涉到DNA的共同起源，」阿多夫回答：「當生命開始形成的時候，世界

上只有少數幾種像我這樣的單細胞生物，但是經過千萬年不斷的演化，無數次的突變和重組，慢慢的產生了新的生物，由單細胞演進到多細胞，由單性生殖演進到雙性生殖，所以如果追溯到遠古時代，每一種生物的祖先都是ＤＮＡ。」

達克問道：「爲什麼要這樣演化？」

「這多數是因爲環境的因素，可是爲什麼會這樣，恐怕只有創造這個世界的神才知道了。」阿多夫接著說道：「在你們精靈的魔法世界裡，所有的生物都可以互相溝通，那是因爲在幾千萬年前一位魔法導師，創造出一個魔法結界，而這個魔法結界的力量，使得結界裡的所有生物都能利用ＤＮＡ語言溝通，而且也因爲每種生物的ＤＮＡ都具有一定的相似性，才能這樣溝通，而你本身就帶有這種結界力量，所以才能和我說話的。但是，在其他的世界裡，因爲缺乏這種結界力量，所以就沒有辦法進行溝通。」

達克的好奇心又開始了，頑皮的拉著阿多夫的鬍子，追問道：「其他的世界？除了魔法世界之外，還有什麼世界呢？」

鬍子被達克拉著的阿多夫心疼得眼淚差些流出來，慌忙的說：「達克，別拉別拉，會把鬍子拉掉的，我好不容易長出這根鬍子，這根鬍子可是我的肝寶貝，被你拉掉就沒了。」

達克放開阿多夫的鬍子，連聲抱歉。阿多夫好像得到特赦一般，鬆了口氣點點頭，說：「沒關係。你剛才問我，除了魔法世界還有什麼樣的世界。其實除了魔法世界外，還有另一個空間的人類世界，像剛才的病毒就來自於人類的世界，在人類的世界，人類和其他的生物就沒有辦法溝通，可笑的是，人類常說什麼『微笑是全世界共通的語言』，他們並不知道，全世界共通的語言應該是ＤＮＡ才對。」

達克問道：「爲什麼？」

「你看，我身上的這些小節，他們分別是Ａ、Ｔ、Ｇ、Ｃ，每個小節都是一個字母，把這些字母拼起來，就可以成爲一個一個的單字，而這些單字每個都有各自代表的意義，利用這些單字來溝通，就是共同的語言，而你們精靈世界的結界力量正好可以將這些單字轉換成彼此能夠了解的訊息。」阿多夫清清喉嚨，繼續說：「在人類的世界有一種語言，叫作英文，英文也是利用一個個字母來拼成單字，ＤＮＡ的字母只有Ａ、Ｔ、Ｇ、Ｃ，而英文卻要Ａ、Ｂ……Ｙ、Ｚ等二十六個字母，相較之下，ＤＮＡ語言比英文簡單多了。」

達克興緻勃勃的聽著，說：「這種事情倒是第一次聽說，挺有趣的，還有呢？你還知道什麼事。」

阿多夫說：「在人類的世界，因爲缺乏這種魔法結界的力量，不同的生物間常常會誤會彼此的意思，而導致不幸的下場，不僅是不同種類的生物，就連那個世界裡最高等的人類都會因爲彼此見解的不同而起爭執。」

達克說：「爭執？爲什麼要起爭執？起爭執會有什麼後果？」

阿多夫感嘆的說：「有爭執的時候，輕的話可能只會惡言相向，嚴重的可能會引發戰爭。」

達克實在很難想像阿多夫所說的戰爭，但是剛才的情形就已經讓達克難以釋懷，說道：「我在我們的世界，從來就沒聽過有什麼爭執，更別說是戰爭了，爲什麼人類沒有辦法好好相處呢？」

阿多夫聳聳肩，說道：「這我也不知道，可能是因爲人類不能像你們精靈一樣，不需吃東西，直接可以由光得到維持生命所需的一切能量和養份，他們爲了食物的問題就不知道發生過多少戰爭了，也有許多的戰爭是因爲一個人的偏見或慾望。或許是人類的道德還沒有進步到那個地步吧！不過聽最近從人類世界回來的同伴說，人類已經慢慢致力於世界和平，也很努力的消除彼此因爲溝通不良所造成的歧見與對立，只是人類和動物之間的問題，可能還要多加努力。」

達克點點頭，似有所思的說道：「希望他們早日成功，讓人類世界也和魔法世界一樣沒有紛爭，每個人都能快快樂樂的過生活。」

「對了，順便告訴你，在人類的世界裡，也有一種無法以DNA語言溝通的生物。」

達克回過神來，說道：「人類世界的怪東西還真多。」

阿多夫說：「是啊，這種生物叫 prion，也有人叫他變性蛋白質，這是一種很可怕的蛋白質，他可以透過蛋白質模板直接複製自己的分身，然後讓生物的腦袋變得空空洞洞的。變性蛋白質曾在人類世界中引起狂牛病，造成很大的震憾。」

達克雙手交叉抱在胸前，害怕的說：「這麼可怕，幸好魔法世界裡沒有這種東西，不然我大概會是第一個變成白痴的。」

阿多夫笑了笑，對達克說道：「腦袋空空的會讓生物失去控制自己的能力，就好像發狂一樣。對了達克，說了這麼久，都還不知道你怎麼會來到這裡呢？」

達克將事情的來龍去脈詳盡的告訴阿多夫，阿多夫仔細想了一想，下意識用手撫著鬍子，說道：「那你先在我這裡住下，把這裡當作自己的家，等你哥想到辦法，將你救出

去。」

達克開心的點點頭，說：「好啊，我還有許多問題要請教你呢！」只是天不從精靈願，達克才剛說完話，身體就開始起了微妙的變化，達克的身體不聽使喚的扭曲

阿多夫緊張的說：「達克，你怎麼了，要不要緊？」阿多夫連忙用手去抓住達克，只是當阿多夫的手接近達克時，卻好像被無形的牆給隔開，根本無法接近達克

達克的身體雖然正在扭曲變形，卻絲毫看不到痛苦的表情，只聽達克輕鬆的說：「我也不知道是怎麼一回事，雷蒙曾告訴過我，因爲微縮魔法的關係，造成了時空扭曲錯亂，我可能會被時空亂流沖到不同時空去，阿多夫，你要好好保重，如果有機會，我會再回來看你，正好我也可以趁這個機會看看以前我所不知道的世界，再見了。」

說話間，達克的身體正逐漸分解、消失，達克不願意像上次那樣不明不白就被送到陌生的地方，所以這次達克聚精會神的注意著週遭的變化，當達克週圍完全暗了下來，從遠處緩緩飛來成千上萬的光點，光點隨著距離的接近越來越大，達克終於看清楚，那些光點就是當初在雷蒙的研究裡，那個光球內的小精靈，他們輕快的飛舞著，慢慢的完全包圍了達克。

達克也嘗試著和他們交談，說：「可愛的小精靈們，你們是誰？」但是他們彷彿完全聽不懂達克的話，自顧飛舞著，隨著他們的飛舞，達克覺得全身都舒暢了起來，那是一種從來都沒有過的感覺，沈浸在這種感覺的達克，也不再多想什麼，只是讓這些精靈在身旁飛著、舞著、嬉鬧著，達克不想理會小精靈們正在做些什麼，因爲這種舒暢的感覺已經讓達克無法再去思考其他的事情了。

第三章

# 別哭，親愛的寶貝

小瑪麗漫無目的的走在街上，遇上迎面走來的貝亞，貝亞笑著走到小瑪麗面前，說：「好久不見，妳好嗎？」

小瑪麗神情渙散的看了貝亞一眼，抓住貝亞的雙手問道：「貝亞，妳有沒有看到達克？達克有沒有去找妳？」焦慮不安的表情看得貝亞於心不忍。

貝亞緊握著小瑪麗的手，細細的說道：「不要擔心，雷蒙一定可以找到達克，妳不要這樣，如果讓達克看到妳現在這個模樣，達克一定會很難過的。」自從達克消失，貝亞也不止一次到過小瑪麗的家探視小瑪麗和雷蒙，但始終見不到小瑪麗和雷蒙。今天見到小瑪麗，見她己憔悴成這個模樣，翠綠色的皮膚不再有光澤，反而有點呈現暗綠色，實在讓貝亞心疼不己。

貝亞同時也想到雷蒙，不知道一天到晚把自己鎖在房間的雷蒙怎麼了，心急的貝亞對小瑪麗說：「小瑪麗，我陪妳回家看看雷蒙好不好？」貝亞想藉著帶小瑪麗回家的同時，順便找雷蒙，這樣就不會被雷蒙拒於門外。

小瑪麗搖搖頭，兩眼中充滿哀求的神情，對貝亞說：「貝亞，幫我找找達克，好不好？求妳幫幫我，好不好？雷蒙一天到晚都在房間裡，不肯幫我找達克，貝亞，妳幫幫我好不好？」

貝亞難過的點點頭，說：「好，我一定全力幫妳找到達克，妳放心好了。但是現在先讓我帶妳回家休息好嗎？」

小瑪麗完全不理會貝亞的話，說：「謝謝妳幫我，我還要去找達克。」說完把貝亞留在原地，繼續向前走去。

貝亞見到小瑪麗的樣子，無奈的嘆了口氣，一面走一面猶豫著要不要去找雷蒙，一段時間沒見到雷蒙，讓貝亞思念不已，雖然貝亞現在已經在特級魔法研究所鑽研新的魔法，仍不斷想著雷蒙。

不知不覺貝亞已經走到小瑪麗的家，貝亞鼓起勇氣敲了敲門，叫道：「雷蒙，我剛才在街上遇到小瑪麗，你知道她現在變成什麼樣子嗎？你爲什麼要把自己關在房間裡？」

許久，屋內傳來雷蒙的聲音，說：「我知道自己在做什麼，你們不用理我。能不能麻煩妳替我照顧我媽，我在這裡先謝謝妳。」

貝亞聽到雷蒙的聲音，嘴角揚了一下，心中有些許甜蜜，說：「我會幫你照顧小瑪麗，但你先出來見我一面好嗎？」自從達克消失以後，這是貝亞第一次聽到雷蒙的聲音，但

即使只是聲音，也可稍解貝亞對雷蒙的相思。

雷蒙說了剛剛的話之後，就不再說話，不論貝亞在門外如何勸說，雷蒙始終沒有說話，更沒有出現，失望的貝亞只得黯然離開。

§　§　§　§

不知道經過多久的時間，小精靈們逐漸的散去，達克知道自己又來到了一個新的地方。一切都平靜下來之後，達克仔細觀察著四週的環境，突然間，達克聽到了一陣低泣聲，聲音充滿了絕望與不平，這哭泣聲聽在達克耳裡，讓達克也開始覺得鼻頭酸酸的，達克順著聲音的來源向前走去，走著走著，達克走到一個大城堡的入口，哭泣聲正是從裡面傳來的，達克問門口的守衛，說：「發生了什麼事，是誰哭得這麼傷心呢？」

門口的守衛沈痛的回答：「是我們的國王，唉……，如果我們自己有能力解決……唉……」幾聲唉氣之後守衛也不再說話。

達克看到連門口的守衛都如此哀傷，說：「我能不能進去看看？或許我可以爲你們解決困難。」

守衛點點頭，說：「反正試試也不會有什麼損失，就讓你試試好了。」守衛說完，便將達克領了進去。進到城堡後，達克看見一群DNA正相擁哭泣著，哭泣的聲音在城堡內低嗚迴盪，更將氣氛襯得格外空虛與落寞。

達克數了數，他們總共二十三對，四十六個DNA，達克走到他們面前說道：「請問你們爲什麼這麼傷心？能告訴我嗎？或許我可以爲你們解決，再不然說出來心情也會好一點。」

其中一個DNA停止哭泣，轉過頭看著達克，問道：「你是誰，你是怎麼進來的？」說完長嘆了一口氣，淡淡的說道：「算了，都已經無所謂了，反正我就快死了，是誰入侵到我的城堡都是一樣，最多就是死，只是早死晚死而已。」

達克有禮貌的自我介紹，說：「我叫達克，來自精靈世界，你能告訴我這是那裡？你們爲什麼哭得這麼傷心呢？只要在我能力範圍之內，一定盡全力幫你到底。」

「我是蘿絲，很感謝你的好意，只是我們的問題並非你能解決的。」其中一個DNA蘿絲沮喪的說道：

「即使不能解決，說出來也許會好過一點啊。何況說出來對你們也沒什麼損失，對

不對？」達克極力想要知道蘿絲到底發生了什麼事，何以哭得這麼傷心。

蘿絲點點頭表示同意，右手輕輕擦拭著臉頰殘留的淚水，說道：「好吧，讓我來告訴你。這裡是人類世界，我是剛成形胚胎的DNA，最近聽到我的母親說因為不想生小孩子，所以想要將我拿掉，如果我被拿掉，我就會失去生命了，我還沒出世，我不想這麼快就離開這個世界啊。」說完蘿絲又忍不住哭了起來。

聽到這個不幸的消息，達克低頭沈思了一會，才抬起頭對蘿絲說道：「沒關係，我會幫你想辦法，可是我有一些問題，你要先告訴我，或許我就能想到辦法。」

蘿絲仍然低泣著，哽咽的說：「好，你問吧，我會把我知道的全部都告訴你。」蘿絲雖然不太相信達克的話，但是只要有一絲機會，蘿絲仍會全力一試。

達克第一次來到人類的世界，一切對他來說都太陌生，一時之間也不知從何問起，沈默了一會，達克才打破寂靜，說：「你能先告訴我，胚胎是什麼嗎？」

蘿絲點點頭，用夾雜著哭泣的聲音說道：「嗯！這要從頭說起。在人類的世界，人類分成男性和女性，男性在生理成熟之後就會開始經由減數分裂，不分晝夜，持續不斷的製造精子。」

達克打斷蘿絲的話，問道：「對不起，能不能先告訴我什麼是減數分裂。」

蘿絲不以爲忤，說：「好的，在說明減數分裂之前，我必須先說明另一個現象，就是細胞分裂。所謂的細胞分裂，就是DNA先經過複製然後再進行分裂，所以當細胞由一個分裂成兩個以後，兩個細胞都有和原來細胞有一樣數量的DNA。而減數分裂則是細胞先分裂一次，然後DNA複製以後再進行第二次複製，經過兩次的細胞分裂，會形成四個細胞，而且每個細胞的DNA都只剩下原來的一半。」

達克點頭，口中不時發出「嗯，嗯」，說：「我明白了，然後呢？」

「因爲精子的製造是持續不斷的，所以產生的數量太多以後，多餘的精子就會擠到外面來，他們說這種現象叫做『夢遺』，當然這些精子的下場都只有死亡而已。女性和男性不同，女性的卵子數目在胎兒的時候就已經決定，並且已經開始了第一次的減數分裂，他們稱這個卵子叫作『初級卵母細胞』，當女性生理成熟後，每個月會有一個或數個初級卵母細胞完成第一次的減數分裂而成爲卵子，不過通常都只有一個能成爲卵子而已，成爲卵子的幸運兒會移動到輸卵管裡面，等待和精子結合的機會，而且女性的子宮也會開始替我們準備舒適的房子，當卵子和精子結合以後，卵子就會進行第二次減數分裂。但

是如果卵子沒有和精子結合，大概一天後就會被母體重新吸收，變成母體的養份。房子也會被破壞掉，排出母體外面，他們說這叫做『月經』。看起來就好像是每年冬天樹葉會自然掉落，腐爛，然後變成大地的養份，為隔年春天樹木重新吐露新芽預作準備，這都是自然的循環。」

達克很仔細的聽著蘿絲所講的每個字，這些事情對達克來說，不但新奇，而且更富有意義，達克開始慶幸自己有這個機會來到這個世界，而這個機會是由雷蒙提供的，想到這裡，達克開始感激雷蒙讓他有這個機會來到這個完全不同的世界，不論究竟能不能回到原來的世界，達克也不再計較了。

蘿絲看達克想得出神，不知道達克究竟在想些什麼，也不知道達克到底懂不懂得自己剛剛說的話，不禁問道：「達克先生，你在想什麼？是不是不懂剛才我說的事。」

達克回過神來，左手搔搔後腦袋，不好意思的說：「沒什麼，你繼續說好了。」

蘿絲見達克已經恢復清醒，繼續說道：「當男性的精子，進到女性的體內的卵子裡面時，兩個各自擁有一半ＤＮＡ的細胞核會開始融合，形成一個有完整ＤＮＡ的受精卵，受精卵在經過簡單的分裂後，就可以準備住到母親準備的房子裡了。受精卵住進房子以後，會開始生長成胚胎，也就是你現在所看到的我。」

達克打量著眼前這位哭腫了眼的蘿絲，說：「喔！原來你是這樣形成的，真是神奇。」

蘿絲紅著眼，繼續說：「接下來，我會開始分裂、分化。」

達克傻笑著說：「對不起，我又要打斷你的話了，我知道分裂是讓細胞越來越多，但是什麼是分化，我就不懂了，爲什麼要有分裂和分化的區別。」

蘿絲說：「沒關係，第一次聽有問題本來就是正常的，提出問題才能把事情徹底了解，所以不要因爲不懂而不好意思。分化就是細胞朝不同的組織發展，舉個最容易懂的例子好了，把一杯水倒成二杯水，就是分裂，而把一杯水變成一塊冰就是分化了。」

達克豁然開朗，愉快的說：「那我懂了。」

蘿絲接著繼續說：「當我經過幾個星期的分裂、分化，我就可以擁有人類的雛形了，那時候，他們會叫我胎兒，只要十個月的時間，我就可以從一個小小的受精卵變成可愛的小嬰兒，可是他們現在卻要把我拿掉，不讓我繼續生存下去，我真的好不甘心，我想到世界看看，我也有許多夢想……嗚……。」說著說著蘿絲又不由自主的哭了起來。

達克收起剛才愉快的心情，臉色由笑轉怒，氣憤的說道：「難道沒有人阻止嗎？就任

由他們這樣傷害生命？你有你的生命自主權，豈能讓別人隨隨便便的剝奪，這樣的世界像話嗎？」

蘿絲無奈的說：「在人類的世界裡有一套叫做法律的規則，裡面有保障人類基本權利的條文，但是像我這樣的胚胎到底有沒有人權？能不能受到法律的保障，到現在都還沒有一個定論，大人們都認爲自己的利益比較重要，每天討論的都是自己的利益在哪裡，哪有人管我們的死活呢？如果沒有法律的認定，我就不算是個人，沒辦法受到法律的保障，所以別人可以隨隨便便就把我的生命剝奪。」

達克忿忿不平，氣得直跳腳，說：「怎麼可以這樣，即然你現在已經是一個胚胎，正常的情況之下，你一定可以成爲一個人類，爲什麼現在卻得不到法律的保障，這樣的法律到底是做什麼用的。」

蘿絲嘆口氣，無可奈何的搖搖頭，說：「因爲有些人認爲我只是具有分裂及分化能力的細胞，不能算是一個人，所以無法擁有人類的基本權利。畢竟把我放在顯微鏡底下，怎麼看我都只像個細胞。」說完，蘿絲將臉埋入雙手中，背部不斷因哭泣而抽蓄著。

達克隻手交叉在胸前，在原地不斷來回踱步，努力的回想曾經在學校或是其他魔法師使用過的魔法，到底有那一種魔法可以幫助蘿絲解除這個生死存亡的危機，達克左思右想，總是想不起來，懊腦的達克雙手用力的敲敲頭，發出咚咚的聲響，斥責自己說：「該死的腦袋，趕快想起來，趕快想起來。」達克越敲越用力，聲音大到連蘿絲都嚇了一跳。

蘿絲不忍的伸出雙手，拉住達克的手，苦苦的哀求說：「不要這樣，想不到辦法就算了，沒有關係的，能不能活下去都是命，不要這樣虐待自己。」

不知道是真的被自己打醒，還是蘿絲刺激影響，達克終於想起雷蒙曾用過的一種魔法，「意識回喚魔法」這種魔法可以進入別人的潛意識，然後將自己的意念傳達給別人，達克根據當時的記憶，開始唸起咒語，說也奇怪，平常在魔法世界怎麼唸都不靈光，現在卻得心應手，只見蘿絲由一個胚胎慢慢變成了一個可愛的小嬰兒，達克手舞足蹈，開心的說：「走，我帶你去找你的母親。」這是達克第一次成功的使用魔法，而且還不是騎掃帚的基本魔法，也難怪達克高興的手舞足蹈。

§　§　§　§

蘿絲的母親潔西卡正在百貨公司逛街，達克帶著蘿絲也來到這百貨公司，蘿絲看到

母親便傷心的哭了起來，潔西卡聽到有小嬰兒的哭聲，轉頭看見蘿絲無助的坐在地上哭，不忍的走過去將小嬰兒抱了起來，看了看四週，潔西卡看不到這個小嬰兒的父母，也看不到任何人。

潔西卡溫柔的輕拍蘿絲柔嫩的背說道：「不要哭，小寶貝，是你的父母把你遺忘在這裡了嗎？不哭、不哭，親愛的寶貝。」潔西卡抱著小嬰兒不斷的哄著，母愛的天性讓潔西卡油然生起憐惜的心，說：「好可愛的小孩，怎麼會有人那麼狠心把你丟在這裡呢？」說完潔西卡輕輕親著蘿絲的臉頰。

小嬰兒嚶嚶地說：「媽媽。」雙手還不斷舞動著，要去擁抱潔西卡。

潔西卡把蘿絲擁進懷裡，開心的說道：「乖，我的寶貝，如果找不到你的父母，讓我來扶養你，好不好。」

蘿絲點點頭，說道：「媽媽，你會好好疼愛我嗎？我好怕媽媽不要我，這樣我會好孤單，好寂寞。」

潔西卡溫柔的輕輕說道：「我怎麼會不要你，天底下不會有不要自自子女的母親的，你不要害怕，媽媽會一直陪著你。」

蘿絲帶著顫抖的聲音，說道：「媽媽，其實我是妳肚子裡的小孩子，求求妳不要把我拿掉，我好想到這個世界來看看，好想依偎在媽媽的懷裡，好想親口叫妳一聲媽媽，好不好，媽媽，不要遺棄我好不好……。」蘿絲說到這裡，忍不住嚎啕大哭，再也說不下去。

潔西卡驚訝極了，但是不一會，就回過神來。潔西卡緊緊抱著小嬰兒，眼眶不自覺得流下兩行眼淚，憐惜的說：「不會的，媽媽不會把你拿掉，媽媽會好好照顧你，好好愛護你。媽媽不會遺棄你，讓你擔心害怕，是媽媽的錯，對不起，是媽媽對不起你，不要怪媽媽好嗎。」

蘿絲笑了，甜甜的笑容，就像蜜糖般融進了潔西卡的心裡。蘿絲說：「媽媽，那我要走了，你千萬不要忘了我。」

潔西卡不捨的說：「寶貝，不要走，留下來陪媽媽，好不好。」

蘿絲向潔西卡揮揮手，依依不捨的說：「我一定要走了，媽媽，等你生下了我，我就可以一直陪在妳身旁，媽媽，再見，相信我們很快就可以在一起了。」

潔西卡在叫喊聲中醒來，滿身淋漓汗水，仍心有餘悸的喘著氣。潔西卡的丈夫坐起

身揉揉眼睛，看著驚醒的潔西卡說：「怎麼回事，看妳好像做了惡夢。」

潔西卡雙手摀著臉，哭了起來。丈夫將潔西卡擁入懷裡，說：「怎麼了，親愛的，怎麼好端端的哭了起來。」

潔西卡哽咽的說：「我夢見孩子了，我要把小孩生下來，我一定要把小孩生下來，不然小孩太可憐了，我們不要拿掉小孩子，好不好。」

丈夫溫柔的撫著潔西卡的頭，說：「當然好啊，那我們明天就去找醫生好好檢查，順便問問孕婦要注意那些事情，好嗎。」

潔西卡點點頭，偎進了丈夫的懷裡。

§ § § §

達克帶著蘿絲離開潔西卡的潛意識，回到母親的肚子裡，說：「這樣就行了，相信你一定可以順利出生。」

蘿絲滿心感激，緊握著達克的手，激動的說：「達克，真是謝謝你，我真的不知道如何形容我心裡的感謝，我該如何報答你。」

達克難掩心中的興奮，說：「不用客氣，能夠幫助你，我也覺得格外開心，說真的，以前在魔法世界的時候，我從來都沒有這麼開心過，原來幫助別人是一件這麼快樂的事，只要你能記住，以後時時都要想著去幫助別人，就是對我最好的回報。」

達克從來不知道什麼叫作助人最樂，因爲在魔法世界裡，達克只有被幫忙的份，絕對不可能有能力去幫助別人，但是這一次達克已經完全感受到幫助別人的快樂，而這份快樂也在達克心裡漸漸的漫延開來。

第四章

# 犧牲自己，照亮別人

在魔法村莊的廣場中，一群精靈正玩著飛板。西柯是精靈中玩飛板的佼佼者，他站在飛板上，三百六十度的衝上天空，再垂直向下俯衝，在撞上地面的瞬間來個急轉彎，在精靈的驚呼聲中，安全而完美的停在地上，在場圍觀的精靈都報以熱烈的掌聲，連玩著飛板的精靈也紛紛停下動作，以驚嘆的眼神看著西柯的表演。所有精靈都讚嘆西柯飛板技術的高明，冷冰冰的飛板在西柯的手中，就好像是有靈性的鳥，每個動作都顯得流暢而俐落。

西柯意猶未盡，想再表演個更高難度的動作。突然間，西柯的手燃燒了起來。西柯疼得從飛板上跌落，失去魔法控制的飛板也像斷線飛箏一樣，掉落在地面。驚慌失措的精靈靠了上來，圍在西柯的身旁，手忙腳亂的幫忙滅火，但就是沒有辦法將火勢撲滅。西柯手臂不停的燃燒著，疼得西柯大聲哀號，在場的精靈們七手八腳的將西柯送到精靈長老的住所，當西柯到達精靈長老的住所，早已經痛暈過去。

精靈長老用不透光的布，將西柯的手臂包紮，燃燒的火焰才慢慢停止。精靈七嘴八舌的問：「長老，這究竟是怎麼一回事？西柯的手臂怎麼會突然燒起來。」

精靈長老搖搖頭，說：「這已經是第三個發生這種情形的精靈，這到底是怎麼一回事，我也不知道。」精靈長老說完，就請所有的精靈各自回去。

精靈長老對西柯使用「回復魔法」，不久西柯才悠悠轉醒。精靈長老問道：「西柯，這到底是怎麼一回事，爲什麼你的手臂會燒起來？」

虛弱的西柯指著手臂上的點斑，說：「都是這個黑斑，剛開始的時候，它只是個黑點，後來它就慢慢變大了，而且只要曬到太陽就會有燒灼的感覺，我不在乎這一點點痛的感覺，所以我並不在意。誰知道它竟然會燒起來。」

精靈長老皺著眉頭，心想：「三個精靈的說法都一模一樣，看來是這個黑點在作怪，可是這個黑點究竟是什麼，我卻一點頭緒也沒有。」

精靈長老將西柯安頓在陽光曬不到的地方，心中暗自想著：「先是怪物變多，再來是出現奇怪的黑點，接下來又會是什麼？到底是爲什麼？會不會跟魔法結界有關？魔法結界到底出了什麼問題？」精靈長老左思右想，卻沒有一個肯定的答案，恐怕他想知道的答案，只有魔法導師才會知道。

§ § § §

達克幫助蘿絲解決了問題之後，就一直在蘿絲身旁，陪著他聊天，看著蘿絲不斷的一分爲二，分裂再分裂，分裂的速度的確足以讓達克驚訝，而達克也從蘿絲身上學到不少關於人類世界的事。達克一直期待那些小精靈再出現，否則自己只能一直待在這裡，哪裡都去不成。

在這段等待的期間裡，達克很勤快的練習魔法，以前不論多麼努力練習都學不會的魔法，在這裡竟然一學就會，達克也開始對魔法產生了濃厚的興趣，同時達克也想了很多事情，從接觸「微縮魔法」開始，自己的生命就起了極大的轉變，達克不明白這些到底是誰的安排，但彷彿在冥冥之中，已經註定自己該走這一遭。

時間一天天的過去，胚胎已經開始有了胎兒的模樣，而不再只是一團細胞而已，尤其是手指及腳趾的部分，本來只是像小叮噹一樣的一個圓球，慢慢的分出五根手指的形狀，變成像鴨子一樣，中間有薄膜連著每一根手指，接下來就連薄膜也消失了，對於這個情形，達克覺得非常好奇，問道：「蘿絲，怎麼會有細胞會自動消失，每個細胞不都是一個生命體嗎？」

在這段期間，達克和蘿絲談了很多，雖然達克也試著和其他ＤＮＡ交談，但是胚胎早期的分裂及分化是很重要的時期，其他的DNA並沒有太多時間來陪達克說話，只得把陪伴救命恩人的重責大任交給了蘿絲。許多人類世界的事情，達克也都有了一個概念，像一些歷史，時尚的資訊，各式各樣的生物，小朋友愛看的卡通等等，達克對這些都有著很高的興趣，也趁著等待小精靈來臨之前，好好的了解一下人類的世界。

蘿絲露出兩個淺淺的酒窩，笑著回答說：「當我在母親的肚子裡開始分裂，一個變二個，二個變四個，越來越多的時候，各種特化的組織就會慢慢產生，像是神經系統，可以讓我有知覺，有思想，能分辦對錯。心血管系統，可以把養份帶到身體各處，讓所有細胞都得到養份。骨骼系統，可以支持我的身體，當作身體的支架等等，因爲如果缺乏這種分化的過程，我不就變成一個大肉球了，那一定很可笑。」自從潔西卡決定生下蘿絲後，蘿絲總是一直帶著笑容。

達克把身體捲曲成一團，俏皮的回答：「對啊，會像中國神話故事的裡的哪吒一樣，出生時就是個肉球，那一定很好笑。」

蘿絲嘴角掀起一絲微笑，說：「是啊，達克，因爲我們和單細胞的生物不一樣，我們每個組織器官都有一定的外形，所以一定要有些細胞消失掉，才能創造出每種組織器官

及生物獨特的外形，要不然每種生物都成了大肉球不是很奇怪嗎。」

達克點點頭，說道：「原來如此，難道他們真的非得犧牲掉不可嗎？有沒有變通的方法。」

蘿絲搖搖頭，回答說：「其實我也很捨不得讓他們就這樣犧牲掉，但是整個生命體就像是一個龐大的王國，而每個細胞就像是分佈在這片王國中的一個莊園，腦部就像是皇宮，皇宮裡的ＤＮＡ必須讓整個王國能夠順利的成長、茁壯。因此，在不得已的情況下，只能下令將莊園回收，這樣才能讓生命成長，變成一個沒有瑕疵的身體。」

達克皺起眉頭，說道：「要下達毀滅自己子民的命令，一定需要很大的勇氣。」

蘿絲點頭，說：「對啊，要下這樣的命令，的確需要很大的勇氣。」

達克問道：「蘿絲，你要怎麼下達回收的命令，讓細胞自動消失掉。」

蘿絲回答：「每個ＤＮＡ裡都含有一小段的自殺基因，當細胞接收到回收命令，ＤＮＡ的自殺基因就會啟動，然後製造特殊的蛋白質來將自己毀滅，但是有時候，他們若覺得自己的存在會危害到整個國家時，也會爲了保護整個國家而犧牲自己。」

「喔！怎麼說呢？」達克問道。

蘿絲說：「這是聽說的情形，我本身目前並沒有真的遇到過。當個體被病毒感染，若病毒躲到細胞裡面，細胞自己又沒能力對抗病毒的時候，爲了不讓病毒躲在自己的小莊園，等待機會破壞自己的國家，他們會選擇啓動自殺基因，把自己破壞掉，希望能讓國家的守衛發現病毒，並將病毒一舉消滅掉。」

達克心裡想著：「又是病毒，這個可惡的小惡魔，好像無所不在一樣，我走到哪裡都可以聽到他們的大名。」病毒這個名字又讓達克想到在魔法世界中認識的阿多夫，也是差點因爲病毒而丟了小命。達克接著說道：「他們這樣爲了整個家園，可以不顧一切，甚至犧牲自己，這種無私的精神實在是很偉大。」

蘿絲眼中閃過一絲哀傷，淡淡的說：「是啊，才不像最近常聽到的，有人因爲失業，生活上的壓力太大而想不開，輕易的結束自己的生命，真是傻不隆咚。想當初如果不是達克你，可能我連生存的機會都沒有了，所以我都很珍惜生命，不會像那些明明可以活的很好，卻又自己想不開的人一樣呆。」

達克讚同的說：「說的也是，其實我在魔法世界的時候，什麼都不會，被其他的精靈瞧不起，他們都覺得我是世界上最笨的精靈，不過這點我承認。那時我唯一拿手的就是

睡覺，所以也從來沒有得到過其他精靈的讚美，有時我也會有那麼一點點想不開，但是雷蒙總是對我說『天生我才必有用』，每個人都有自己存在的價值，現在我才明白這個道理。」達克想起了魔法世界的自己，不禁又是一陣唏噓。

蘿絲附和達克，說：「是啊，達克你知道嗎？當我知道自己要被拿掉，我真的是心灰意冷，一直感嘆世界的炎涼無情，但是只要還有一絲的機會，我必定會全力以赴，爭取生存的權利，幸好遇上了你，否則我可能就不存在了。」蘿絲說完，不由得嘆了一口氣。

在說話之間，達克的身體又開始變形了，這個情形可把蘿絲嚇了一大跳，蘿絲呆在原地，手足無措的說：「達克，你怎麼了，你的身體怎麼變形了，喂，你不要嚇我。」蘿絲說著忍不住又「哇」地一聲，哭了出來。

達克想去握蘿絲的手，但被一道無形的牆所阻隔。達克望著蘿絲說：「蘿絲，不要傷心，我沒事的，只是有人來接我到別的地方，當初我也是這樣才來到這裡的，所以不要擔心。」看著蘿絲，達克心中產生了一絲絲的眷戀。

蘿絲依依不捨，流著眼淚說：「這麼說，你要走了嗎？」

達克點點頭，笑著說：「蘿絲，很高興能認識你，如果有機會，我會再回來看你，我會永遠記得你是我在人類世界認識的第一位朋友。」

蘿絲也依依不捨的向正在消失的達克揮揮手，說：「達克，你對我的恩情，我一輩子都不會忘記，你放心好了，我一定實踐承諾，盡力去幫助別人，尊重所有生命，一定會的。」

達克笑著點點頭，然後緩緩的消失在空氣中，黑暗中達克隱約還可以看到蘿絲正流著眼淚，仍不斷的向自己揮手道別。

# 第五章

# 可不可以不要變老

## 【75】 第五章

在特級魔法研究所，貝亞憑著超乎一般精靈的資質，很快的在研究上有了突破，生性溫和的貝亞研究的課題是「轉嫁魔法」，這是一種可以將本身魔法轉嫁到其他精靈身上，讓其他精靈發揮二倍以上的魔法力量，藉由「轉嫁魔法」的幫助，貝亞就不用和怪物正面衝突，只需將力量轉嫁給其他精靈，就可以達到驅除怪物的任務，這也和貝亞本身的個性相關。

爲了得到魔法戰士的美譽，貝亞向精靈長老提出申請參加魔法戰士的鑑定測驗，也得到了長老的同意。考試當天貝亞懷著忐忑不安的心情來到試煉場，場中央坐著精靈長老，身旁還有三位見證的魔法戰士，分別是提拉、杜瑪斯、賽西亞。

魔法世界中精靈長老有著最崇高的地位，統治整個魔法世界。通常由年紀最長的精靈出任長老一職。精靈沒有老化現象，但是每隔一千年，會在右手臂上長出一圈紅色的條紋，現任長老的右臂已經長了十二圈紅色條紋，也是魔法世界中年紀最大的精靈。

精靈長老看見貝亞走進試場，笑著說：「貝亞，妳來了，準備好了嗎？」

貝亞有點緊張的點點頭說：「我準備好了，隨時都可以開始。」

精靈長老說：「首先我必須了解，妳所研究的魔法是什麼？爲什麼妳要研究這種魔法？」

貝亞緩了緩心中緊張的情緒，笑著說：「我研究的魔法是『轉嫁魔法』，因爲我天生喜好和平，不喜歡打打殺殺，可是我又希望爲保護魔法世界盡一分心力，所以我才研究這個『轉嫁魔法』，可以幫助其他精靈增加力量對抗外來的怪物。」

精靈長老滿意的笑了笑，說：「真是難得，愛好和平本來就是我們精靈的本性，只是保護自己和其他生物，又不得不和怪物作戰，妳的魔法無疑又爲精靈們增加了一股新的力量。」長老回頭看了看其他三位魔法戰士，問：「你們有沒有什麼意見。」

賽西亞首先提問題，說：「妳的『轉嫁魔法』能爲精靈提高多少力量，在實際的作戰有用嗎？」

貝亞自信的回答：「至少可以提高一倍以上的力量。」

精靈長老說：「賽西亞，由你去試試『轉嫁魔法』的力量好了。」賽西亞應聲後慢慢走到貝亞面前，說：「貝亞，妳可以開始了。」

貝亞集中精神，身上漸漸發出一圈圈柔和的紫色光芒，很快的光芒已經在貝亞手上聚集成一個淡紫色的光球，貝亞將光球送到賽西亞體內，賽西亞接受貝亞紫色光球力量

的時候，只覺通體舒暢，魔法細胞不斷的甦醒，隨著可使用的魔法細胞數目的增加，賽西亞覺得力量不斷的湧上，源源不絕的力量柔和不帶絲毫侵略性，賽西亞點點頭，說：「這股外來力量真是強大，又源源不絕，而且沒有一絲絲的侵略性，彷彿是我本身就擁有的力量一樣，了不起，真了不起。」

貝亞解除魔法，笑著說：「小小的魔法，在各位前輩面前獻醜，還望各位前輩們不吝指教。」

精靈長老會同三位魔法戰士的意見，說：「恭禧妳，貝亞，從今天起妳就是魔法戰士了，希望妳能運用妳的力量造福魔法世界。」

§　§　§　§

這一次是達克和小精靈們的第三次接觸，第一次是在睡夢中，迷迷糊糊的被轉移到古吉蟲的體內。第二次則因爲太沈醉於光芒的溫柔，對小精靈也沒能說上什麼話，所以這次達克除了很努力的想和小精靈們說說話，也想知道被轉移的感覺，達克靜下心來感受週圍的變化，黑暗的環境中，達克只覺得時間與空間的差異完全不存在，只有小精靈飛舞引起的空氣振動而已，所以達克只能專注和身旁的小精靈說話。達克很用力的擠出一個特大號的笑容，雖然看起來很虛假，但他毫無知覺，親切而熱情的對小精靈說：「可愛的小精靈們，能不能和我說說話？不然這段旅程會很無聊。」

達克的熱情換來的只是一片沈默，小精靈們依然自顧著飛舞，完全不理會達克，旅程中，達克像個自言自語的傻瓜一樣，不斷的對小精靈說話，小精靈雖然對達克的話完全不予回應，但卻第一次對著達克微笑。

達克心想：「只是微笑也好，反正總比沒反應好，相信總有一天你們會和我說話。」

當小精靈消失，達克已經來另外一個陌生的環境，就像識途老馬一樣，達克已經不再害怕，反而有點期待這一次又會遇到什麼樣的事情。達克一面想，一面走著，突然間，達克看到一個DNA悄悄的躲在陰暗的角落裡，達克走了過去，只聽到DNA正低聲的喃喃自語，說道：「我不要變老，我不想變老，可不可以不要變老。」

達克走到DNA面前，禮貌的說道：「你好，我是達克，是個精靈，請問這裡是什麼地方？」

DNA有氣無力的抬起頭，看著達克，又慢慢的垂下頭去，緩緩的說道：「你是誰？」

ＤＮＡ的額頭上滿佈著歲月的刻痕，一副老態龍鐘的樣子。

達克有點好氣又好笑，重覆剛才的話，說：「你好，我是達克，是個精靈，請問這裡是什麼地方？」

ＤＮＡ再度有氣無力的抬起頭，看著達克，應了一聲：「喔！」又緩緩低下頭去，從動作看來，這個ＤＮＡ不但身體老得可以，連心也一併老化掉了。

如果換作是以前的達克，一定理都不理，掉頭就走，但是經過這些日子的學習，達克已經學會了容忍，也不再毛毛躁躁。達克蹲在ＤＮＡ面前，耐心的說：「老伯伯，你有什麼困難嗎？說出來或許我可以幫你解決。」

ＤＮＡ緩緩的說：「不要叫我老伯伯，我最怕聽到『老』這個字，你叫我多利就好了，我的問題是不可能解決的，你不用浪費心思在我身上了。」

達克毫不死心，繼續說：「那可不一定，精靈都具有魔法，說不定真的可以替你解決問題，試試看也不會有什麼損失，對不對？」

多利沈默了一下，仍然是之前的論調，淡淡的說：「唉，不可能有人能幫得了我，即使是精靈也是一樣，不管你的魔法再厲害，也是一樣的。」

多利的這副老態龍鐘的模樣，把達克惹得哭笑不得。達克搔搔頭髮，想了一個辦法來對付多利這個頑固的老頭子。達克也不再說話，一屁股坐到多利身旁，打算跟多利來個長期抗戰，看看誰會先開口說話。

時間一分一秒的過去，多利雖然還在喃喃自語著：「我不要變老。」但是已經開始頻頻看著達克，達克卻一副愛理不理的模樣，氣定神閒的兀自坐著，絲毫不理會多利。

多利再也沈不住氣了，轉身對達克說道：「小伙子，你還要在這裡坐多久，你要坐可以到別的地方坐。」

達克對於多利的話，一點反應也沒有，多利又重覆說道：「小伙子，你怎麼對老人家這麼沒理禮貌，老人家問你話，你怎麼都不回答呢？算了，你不走，我走。」多利說完就站了起來，步履蹣跚，搖搖晃晃的走開。

達克也站了起來，步履蹣跚，搖搖晃晃的跟了過去，再次坐在多利旁邊，完全是模仿多利的樣子。

多利拿達克這種賴皮的行為一點辦法也沒有，沒好氣的說：「唉，如果我還年輕的話，我才不怕你。唉！算了算了，小伙子，算你厲害，我服輸了，我說就是了，你就別再耍

個性了，好不好。」

達克立即迎上笑臉，笑容底下又有一點勝利的喜悅，說：「當然好啊，其實我也有點等得不耐煩，如果你再不說，輸的可能就是我。」達克爲了給多利一點台階下，故意這樣說著。

多利無奈的說：「現在的年輕人喲，真是對老年人越來越不敬了。告訴你吧！我是老鼠的ＤＮＡ，控制著這隻老鼠的所有生理機能，年輕的時候，爲了吃，可以在桌上跳上跳下的，身手可是一等一，絲毫不含糊。但是最近我發現我越來越老了，老得已經不再有能力控制生理機能，現在我連走路都走不好了，更不要說像以前那樣敏捷的身手。我真的不想變老，可是變老是自然的定律，任誰都改變不了。」

達克從沒有遇過這樣的問題，在魔法的世界裡，雖然每個精靈都有自己的壽命，但是當精靈生長到一定的樣子時，外貌就會固定下來，不再變老，直到壽命終了。人類世界的生、老、病、死在魔法世界並不存在，魔法世界裡看不到病、老，只有生與死，而這種循環的定數是誰都不會明白的天命。

達克看看多利，好像真的比其他的ＤＮＡ老了許多，可是達克也說不上來，爲什麼會這樣，問道：「你知道變老的原因嗎？如果知道原因，或許比較好想辦法。」

多利壓低音量咳了二聲，說道：「小伙子，你知道，細胞每次要進行分裂時，ＤＮＡ都會進行一次的複製嗎？」

達克點點頭，說道：「這個我懂，我還知道，每次複製的時候，左右兩邊的ＤＮＡ會分開，然後做反向，半保留複製，對不對。」

多利欽佩的說道：「真看不出來，小伙子，你懂的事情還真多。」

達克揮揮手，謙虛的說：「多利老伯，你可以叫我達克，叫小伙子，讓我有點不太自在，其實這也沒有什麼，我要學習的事情還很多。」

達克在和蘿絲相處的那段時間裡，已經看過無數次的複製，現在說來當然頭頭是道，但是在多利眼中，達克似乎有著很淵博的學問。

多利搔搔頭，不好意思說道：「達克，你說的反向，半保留是什麼東西，我自已經過那麼多次複製，怎麼反而沒聽說過。」

達克替多利解釋，讓多利不會覺得太沒面子，說道：「可能是你自己沒有注意到，其實你左右兩邊的身都各有一個頭，如果左邊在前面，右邊的頭就會在後面，所以當你在

進行複製的時候，分開的兩邊都會從頭的方向往尾巴的方向複製。在原有的左右二邊各重新接上一個新的、而且可以配對的小節，因此方向是相反的。複製完成之後，兩個DNA都會有一半複製前的DNA被保留下來，另外一半是新接上去的DNA，所以才會叫做反向、半保留複製。」

多利搖頭晃腦，聽得津津有味，說：「我活了這把年紀，也複製了不知道多少次，可是卻從來都不知道這些事情，你還知道什麼事情？」

自從到了DNA的世界以後，一向都是達克懂得比較少，所以每次都是DNA替達克解決疑惑，第一次能解答DNA的問題，連達克自己都覺得很有成就感，回答起來也覺得特別有勁。

達克說道：「你複製的時候需要一些幫手，例如分離巖，可以幫你把左右兩邊的身體分開。引子，可以讓你知道要從那裡開始複製。聚合巖，可以替你結合另外一邊的身體。接合巖，可以把複製的片段接成一條完整的DNA。修補巖，可以檢查複製的過程有沒有問題，是不是每個小節都按照規定，和該配對的對象結合。」

多利這時真是佩服的五體投地，幾乎把達克當作神一樣的崇拜，說：「一直以來，他們幫我完成複製的過程，可是我都覺得這是天經地義的事，也從來沒想那麼多，今天聽你這麼講，真是讓我覺得從前的我，好像迷迷糊糊的糟蹋了生命，或許你真的可以幫我解決問題。」

達克突然才想到，說了這麼多都還沒有講到問題的徵結，不由得有些不好意思，自己實在太多話了，趕緊問道：「對了，你的問題在哪，複製有什麼問題呢？」

多利對達克有了信心之後，說話也變得有精神了點，不再有氣無力的，說：「每當我在複製的時候，身體就會變短一點，以前我也不以爲意，總覺得反正身體這麼長，少掉一點也沒有什麼關係。可是最近我發現到，我竟然已經失去了複製的能力了，而且行動也變得越來越遲鈍，再這樣下去，我的生命就要結束了。」

多利眼中充滿求救的信息，接著問道：「你知道爲什麼會這樣子嗎？」

達克閉上眼，靜靜沈思了一會，才張開眼睛說道：「因爲你的頭和尾巴在複製時，並不在複製的程序裡面，所以會越來越短。」說話的同時，突然想到蘿絲，在蘿絲的身上雖然已經看過這種情形，但一直以爲ＤＮＡ那麼長，少掉一些應該沒什麼關係，沒想到後果竟然這麼嚴重。想到蘿絲以後可能也會面對同樣的問題，達克不禁有些感傷。

多利看達克神情有些怪異，以爲達克不肯幫忙，接著說道：「其實我在年輕的時候，也不是這麼怕死，總覺得只要活得瀟灑、過得精彩，甚至最好是死在自己最輝煌的時刻，最灑脫不過。但是我的小孩出生以後，我就很想看到他們也能長大，生兒育女的。現在我的曾曾曾孫子又出生了，我也好想看著他們長大。我想，這種慾望會一直隨著我的年紀增加而不斷延續下去，達克，你能幫幫我嗎？」

達克點點頭，說：「好，我試試看。」說話同時，達克心想著，如果可以幫得了多利，以後也一定可以幫助蘿絲。

達克說著開始唸著咒語，現在的達克已經不可同日而語，在與蘿絲相處的日子裡，達克已經學會了許多高級魔法，而且對許多生命的道理，也已經有了一定的了解，不再是以前那個懵懵懂懂的達克。

在達克的咒語聲中，一縷輕煙緩緩升起，煙散去之後，多利的身旁出現了 CdC13 和 sT1 兩種蛋白質，他們嬉鬧著出場，看見達克，突然收斂起嬉鬧的表情，恭敬的說：「我們是奧比和杜比，當我們結合以後就叫作奧杜二人組，主人，有什麼吩咐」說完又開始嬉鬧起來。

「奧杜二人組」這個名字實在是有趣，「奧杜」不就完蛋了，那還能救什麼人，想到這裡，達克忍不住捧腹大笑，多利看在眼裡差點沒昏倒，這兩個頑皮鬼能幫什麼忙，多利實在不明白，達克爲何召喚他們。

其實達克自己也不明白，剛才自己唸的是什麼咒語，這個咒語只是憑著很久很久以前的記憶唸的，這個記憶到底有多久，達克也不記得。有時候，達克甚至懷疑微縮魔法是開啓記憶的鑰匙，讓自己慢慢回復曾經迷失的記憶，在這個記憶的盒子裡，裝了那些未知的秘密，達克也不敢肯定。

奧比有著大餅般的臉孔，肥碩的身材，細長的眼睛以及小小的嘴巴，最不協調的是臉上那個又大又紅的草莓鼻子，看起來像極了馬戲團的小丑。杜比簡直就是奧比的對比，磚塊般的臉孔，竹桿樣的身材，像銅鈴的大眼睛、嘴巴如同掛在臉上的兩根臘腸，外加個彷彿被牛車輾過的平坦鼻子。他們倆站在一起就已經是幅夠可笑的畫面，再加上兩個不斷打鬧，任誰看到都會忍不住捧腹大笑。

達克收起笑容，對著奧比和杜比說道：「你們有什麼特殊能力，可以幫助多利解決DNA越來越短的問題。」

奧比一面嬉鬧，一面說道：「我可以增加端粒酵素的活性，杜比是我的助手，增加我工作的效率。」

杜比雙手叉腰，不高興的說道：「奧比，你怎麼可以搶我的台詞，你每次都這樣，下次再這樣我可要跟你翻臉了。」

奧比說：「唉呀，反正你只是小配角，說不說話都無所謂，有主角說話就可以啦，配角只要在一旁聽命令做事就行了。」

杜比眼中的怒火中燒，反駁說：「才怪，如果沒有我，你做起事來慢慢吞吞的，簡直就是無可救藥的笨蛋，成事不足敗事有餘的傻瓜。」

奧比不服氣的說：「誰說的，杜比，你敢這樣說我，不給你一點顏色看看，你是不會聽話。」一言不合，他們竟然扭打在一起，看到這個樣子，多利和達克直搖頭嘆氣。

奧比和杜比扭打了一會，突然停下來，齊聲對著達克說：「對了，你召喚我們，到底有什麼事。」

突如其來的變化又讓達克和多利覺得他們兩個實在是很有趣的一對寶，達克看著他們臉上青一塊，紫一塊的傷痕，說：「你們的傷不要緊吧？」

奧比搖搖頭，說：「不要緊，不要緊。」

杜比笑笑，指著奧比，對達克說：「這小子一定要被修理一下，做事才會認真，所以你不用在意他的傷，他有被虐待狂。」

奧比把頭轉向杜比，罵道：「你才是欠修理，一天不被打就不舒服。」兩人說著又準備開打。

達克怕他們一打又沒完沒了，趕緊閃身擠到他們之間，說道：「別生氣，先辦正事要緊。」接著指向多利，笑著說：「這位多利老伯的ＤＮＡ變短了，而且已經短到無法再進行複製，你們能幫幫他嗎？」

奧比和杜比同時看向多利，說道：「當然可以。」說完兩個就消失了，正當達克和多利摸不著頭緒的時候，他們又出現了，而且還帶來另外一個蛋白質，奧比得意的說：「他就是端粒酵素。」

端粒酵素揉著惺忪的睡眼說：「我還沒睡飽啦，你們拉我來做什麼，我最討厭別人打擾我的睡眠。」

達克彷彿看到從前的自己，那副睡眼惺忪的模樣，簡直和自己一模一樣，對端粒酵

素的感覺，也就顯得特別親切。

杜比接著對多利說道：「你的端粒酵素實在是個不折不扣的懶惰蟲，難怪你的DNA會這麼快變短。」

說完杜比就直接融進了奧比的體內，奧杜二人組接到端粒酵素上，端粒酵素立刻顯得精神百倍，開始為多利接上失去的DNA，很快的，端粒酵素就完成了工作，奧比和杜比也各自分開了，端粒酵素馬上又開始打哈欠，說：「沒事的話，我要去睡覺了。」說完便拖著疲憊的身子，逕自走開。

奧比和杜比也同聲說道：「那我們也走囉，如果有需要，再召喚我們就可以了，我們隨時準備為你服務，拜拜。」兩人說完便化作一縷輕煙消失了

達克在他們離開之後，轉頭對多利說道：「你現在覺得怎麼樣，有沒有好一點，是不是覺得年輕多了。」

多利跳上跳下，搖擺身體，開心的說：「好像又回復到年輕的樣子，真是舒暢，整個身體都覺得活了起來……。」

多利話還沒說完，只聽見一聲尖銳的怪叫，剛回復年輕的老鼠多利吃驚的叫喊：「是

貓！」多利說話的同時，已經被吞到貓的肚子裡了。

一陣混亂之後，達克還不知道發生了什麼事，一直追問多利說：「發生了什麼事，剛才發生了什麼事。」

多利自知生命已經走到盡頭，無奈的對達克說：「雖然你有可以讓我回復年輕的魔法，但還是扭轉不了命運，無法延長我的生命，很感謝你的幫忙，或許命運真是任誰也改變不了的。」多利伸出手緊握住達克的手。

達克也低下頭，感嘆的說：「或許吧，在人類的歷史中也有許多人，拚命的追求所謂的長生不老，但也終究難逃生命大限，所有的長生不老，永生不死，都只是神話而已。」

在貓肚子裡的多利已經慢慢被胃裡的鹽酸和酵素溶解消化，達克所在的細胞也開始受到鹽酸和酵素的侵蝕漸漸腐朽，達克慌忙中使用「隔離魔法」，產生氣泡將自己包圍起來，以免受到胃酸和酵素的侵蝕。

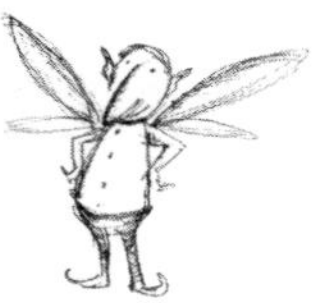

# 第六章

# 免疫大作戰

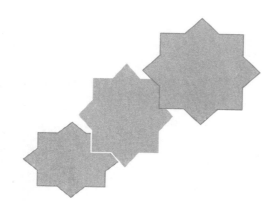

包覆在氣泡中的達克，眼看著多利消失在鹽酸和酵素裡，心裡不由得一陣難過與沮喪，命運真的是無法被扭轉的嗎？達克不斷的問著自己。努力讓多利恢復年輕延長壽命，但多利依然無法逃過生死大限，或許一切都已經被安排妥當，每一個生命只是被安排在劇本裡的一個角色。

爲多利哀傷過後，達克開始觀察週遭環境，達克眼中的胃看起來就像是一個極大的洞穴，牆壁正不斷的蠕動，牆壁的細縫裡還不時流出可以腐蝕一切的鹽酸。達克在泡泡的保護下，在鹽酸中飄流，洞穴的上方有一個入口，下方有一個出口，洞穴有規律的蠕動著，並把洞穴裡的東西，由下方的出口往外送，很快的達克也被擠到出口，穿過出口，達克看到比較細的管子，但對達克來說還是很巨大，管子的牆壁有許許多巨大的突出物，不斷分泌出一些黏液，也不停將管子裡的東西吸向突出物裡面。

達克對這隻貓實在很不諒解，這隻貓怎麼可以隨隨便便就把多利吃掉，這樣侵害生命是不對的，想到這裡，達克很想去找這隻貓理論，把是非對錯說個清楚。既然決定去找貓理論，達克立即施展「飛行魔法」，直接飛到牆邊，鑽入了牆壁裡面，眼前正有一顆顆紅色圓形的龐然大物以排山倒海姿態向達克滾來，嚇得達克趕急躲到一邊，以免被這龐然大物壓個正著，否則後果不堪設想。

達克看準時機，直接鑽到這龐然大物裡面，解除了隔離魔法之後，便四處尋找DNA，但是卻怎麼找都找不到，莫名奇妙的達克不明白這龐然大物是什麼，爲什麼會找不到DNA，也不知道身處在龐然大物裡面的這段時間，自己已經被帶到什麼地方。

達克納悶的想：「怎麼會什麼都沒有，不是所有細胞都會有DNA嗎？算了還是到別處找找。」

達克鑽到外面，只見外面排滿了更大的圓球，圓球表面還有觸手不斷擺動，「到裡面看看好了。」達克心想，轉念時，達克已經施展「飛行魔法」進到了圓球裡面，才剛解除魔法，突然聽到大叫聲：「有入侵者，趕快抓住他。」

達克的週圍馬上包圍了許多的溶小體，而且急速向達克衝來，達克見狀，馬上施展「轉移魔法」，把自己轉移到另一個位置，讓溶小體撲了個空，撲空的溶小體狠狠的撞成一團，差些全部一起擠扁了，溶小體甩甩頭立刻又轉向，往達克的方向撲來，達克依樣畫壺蘆，再次讓溶小體白忙一場。達克一時童心大發，和溶小體玩起躲貓貓的遊戲，達克玩得高興，溶小體也樂此不疲。直到達克覺得差不多了，便使用「轉移魔法」，直接進

到細胞核裡面。

達克一進到細胞核，見到ＤＮＡ便氣呼呼的指著ＤＮＡ的鼻子，大聲問道：「你怎麼可以這麼野蠻，吃掉多利，可惡，你真是野蠻的生物，無緣無故就傷害其他動物生命。」

細胞核裡的ＤＮＡ被問得莫名奇妙，反問道：「你是誰？多利又是誰？爲何無緣無故的跑到我這裡來搗亂。」

達克餘氣未消，大聲說：「多利就是被你吃掉的老鼠，你爲什麼要吃掉他，他有什麼對不起你的地方嗎？」

這時ＤＮＡ才懂了達克的話，但是對於第一次被問到這個問題，ＤＮＡ實在說不出個道理。何況在自然界的生物鏈裡，貓吃老鼠本來就是很正常的事，那還有爲什麼，說道：「貓吃老鼠，本來就很正常，那有爲什麼。」

達克氣忿的說：「侵害生命就是不對，那有什麼貓吃老鼠是很正常的，這種事一點都不正常，你一定要給我一個道理，否則我定不饒你。」

ＤＮＡ面對眼前這個不知那冒出來的傢伙，實在有點頭大，說：「等等，你是哪冒出來的傢伙，爲什麼來這裡跟我爭論這種貓吃老鼠的問題。」

達克得理不饒人，說：「我叫達克，是個精靈，因為你剛剛吃了我的朋友多利，所以我要找你理論，要你還我一個公道，世界上的生物都應該要和平相處，為什麼要互相殘害。」

DNA聽到達克自稱是精靈，笑了笑說道：「你可以稱我巴布，我想你應該不是這個世界的生物，我不知道精靈是何方神聖，但是我的行為不但在這個世界可以被允許，而且我的主人還會稱讚我呢！」

達克有點疑惑，怒意稍減，說道：「為什麼？」

巴布說道：「因為我肚子餓，就必須要吃東西，而老鼠就是我的食物，我如果不吃他，我就會餓死，那你說，我這種行為能不能被允許。」

「食物？食物是做什麼的？」達克的情緒似乎已經緩和下來，說話也不再充滿怒意。

巴布打量著達克，好奇的問：「難道你從不吃食物的嗎？」

達克點點頭，回答：「對，我不需要，我天生就可以吸收光的能量，所以不需要吃東西來維持生命。」

巴布恍然大悟，說：「這就難怪，不過我還真是羨慕你，都不用為了三餐而煩惱。但

我和你不同，我需要食物來維持生命，我吃下食物後，食物裡的醣類會開始被嘴裡的唾液分解，接下來，吞到胃之後，食物裡的蛋白質會在胃裡面被初步分解，然後到腸子裡，腸子再把食物裡的脂肪乳化，並把糖和蛋白質做細部分解，然後吸收，吸收了這些東西，我才能得到蛋白質、醣類和脂肪以及各種養份來維持生命。何況多利也會去吃其他的生物，這是食物鏈，沒什麼對不對的問題。有些人類，把狩獵當做是一種娛樂，他們不爲了生存才去捕獵，只是爲了表示自己的身份地位和別人不一樣，甚至爲了興趣，收集象牙、獅子、老虎的頭，擺著給自己觀賞，滿足自己，跟他們比起來，我可是善良多了。」

達克聽得張大了眼睛，完全不敢置信，說：「人類會爲了娛樂或興趣殺害生命，他們爲什麼要這麼做。」

巴布搖搖頭，說：「我不是人類，也不懂人類爲什麼要這麼做。」

聽到巴布的話，達克低下頭，沈默了許久才緩緩抬起頭來，說：「那你吃了多利，你的主人爲什麼會稱讚你，難道多利是爲非作歹的傢伙嗎？」

巴布蹺起尾巴，昂起頭自傲的說：「我是隻家貓，我的主人以經營農場爲生，他養了許多雞、鴨、豬，也種了許多農作物。老鼠會偷吃我主人辛勤耕種的農作物，也會偷吃其他動物的飼料，讓我的主人得不到好收成，那他們全家就會挨餓，甚至沒有東西吃，那你說，我吃掉老鼠，是不是會得到主人的稱讚。」

達克點點頭，心想：「原來多利是個小偷。」巴布接著說道：「不只這樣，老鼠也常常帶著許多病毒到處跑，把病毒傳染給人類，像以前的鼠疫，就曾經引起大流行，害死了幾十萬人。現在又有漢他病毒，也鬧得人心惶惶的，每個人看到老鼠就像看到惡魔一樣，我吃掉老鼠是不是做了件爲民除害的事？」

達克向巴布深深一鞠躬，道歉的說：「我差點錯怪你了，真是對不起，我不知道多利會做種事情。但是我想多利會這麼做也是有他的道理。」

達克從前只知道單向思考，對就是對，錯就是錯。未曾想過世界之大，各種不同的生物之間，有著截然不同生存方式與差異性。巴布的話打翻了達克舊有的觀念，使達克跳脫原有的單一思考模式，轉爲多面的思考方式，更讓達克懂得去尊重別人的差異性。

巴布爽朗的回答：「沒關係，沒關係，誤會解釋清楚就好了，不必那麼在意。每一種動物都有自己生存的方式，我不能說他做那些事情是錯的，畢竟他不做那些事就活不下去了。」

達克對巴布的豪邁不拘，甚是欣賞，說道：「巴布，你剛說的話真有道理，的確每種生物都有自己的生存方式，放棄了自己的生活方式就等於放棄了生命。」巴布對達克的見解滿意的點頭回應，達克接著說：「對了，剛才我進來以前碰到一個沒有ＤＮＡ的細胞，那是什麼細胞，不是所有的細胞都會有ＤＮＡ嗎？」

巴布拍拍達克的肩，笑了笑，說：「你還真是幸運，一進來就遇到唯一沒有ＤＮＡ的細胞，他是紅血球，主要的工作只有運送氧氣來供我們使用，爲了要增加氧氣的運輸量，所以才會沒有ＤＮＡ。」

達克也笑了笑，問道：「是嗎？那我還真的很幸運，可是我不懂，紅血球沒有ＤＮＡ，要怎麼活呢？」

巴布說：「因爲沒有ＤＮＡ的關係，紅血球的生命很短暫，大概只有二個月的壽命，時間到了，紅血球就會在脾臟被破壞，不過你也不用擔心，骨髓可是隨時都在製造紅血球的，所以失去一些紅血球沒有關係的。」

達克從遇到巴布開始，就只顧著吵架。仔細打量過巴布之後，達克的好奇心又開始作祟，說道：「看你這麼雄壯威武的模樣，到底你在這裡擔任什麼工作？」

巴布向達克展示自己強壯的肌肉，說：「我是巨噬細胞，屬於免疫系統的一份子，如果有外來的病毒侵入，我可以把他們吃進來，分解成一段一段的，再選出一些可以當作標記的抗原，然後派我的『第二型組織相容性抗原』帶著入侵病毒的抗原到城外去，把入侵病毒的樣子告知整個免疫系統，免疫系就可以全力去圍捕入侵病毒。」

達克有點迷惑，說：「好複雜，跟阿多夫的防衛方式完全不同，阿多夫只有靠質體、溶小體和限制巖來抵抗外來的侵略，你的爲什麼要這麼複雜。抗原又是什麼呢？」

巴布說道：「那種低等的單細胞生物怎麼可以和我這種高等生物相提並論，單細胞生物的細胞本身就是一個生命，一切生命現象都在同一個地方完成，就是說吃、喝、拉、撒、睡全在同一個房間。我卻是由許多不同種的細胞分工合作，才能完成整個生命現象，要吃在餐廳、要睡在客房、要拉在廁所，是不是高級多了。何況質體和限制巖是細菌特有的武器，我身上才沒有那種東西。最重要的是，我可以記得入侵病毒的樣子，他卻不行。」

達克興致勃勃的說：「真是太神奇了，你要怎麼記住入侵病毒的樣子，又爲什麼要記住入侵病毒的樣子。」達克停了一下，將嘴巴湊近巴布的耳朵，說起悄悄話：「其實心胸

要放寬大，不要一直記仇，會活的比較快樂。」

巴布放聲大笑，豪邁的說：「你說話真有趣，我看你這麼有興趣，我就帶你看看我的伙伴，順便讓你了解我們的工作情形，也讓你知道我爲什麼要記得入侵病毒的樣子，說我記仇，哈哈……。」巴布說完又忍不住大笑起來。

達克鼓著兩腮，歪著嘴說：「好啦好啦，算我說錯話，你就別再笑了。」

一會巴布停止大笑，並開始驅使細胞四處移動，由細胞內看向外面，巴布指著一個長得像海星的細胞，說：「他叫樹狀細胞，他的工作和我一樣，不過他在出生時就被固定在那裡，不能像我這樣到處亂跑，主要鎮守在肝臟、淋巴節、脾臟裡面，如果有入侵病毒經過，就會被他們吞掉。」

達克說：「樹狀細胞太可憐了，能不能把他解開，讓他到處走走。」

巴布忍住想笑的情緒，正經的回答：「改天我會向皇室建議，讓他們也可以到處走走，可以嗎？」

又走了一會，巴布指著一群長得差不多的圓球狀細胞，說道：「別看他們好像長得差不多，他們可是不同的細胞，從左邊開始分別是ＴＨ細胞，Ｂ細胞，ＮＫ細胞ＴＣ細胞及ＴＰ細胞。ＴＨ細胞會到我這裡來看入侵病毒的樣子，然後告訴其他的同伴。Ｂ細胞在知道了入侵者的樣子之後一部分會變成漿細胞，也有一些會變成記憶細胞。漿細胞會依照入侵病毒的樣子製造抗體，入侵病毒的樣子也就是剛才提到的抗原。而記憶細胞可以永遠記住入侵病毒的樣子，下次如果有同樣的入侵病毒來惹我們，我們就可以直接又快速的製造抗體來捉這些入侵病毒，你看旁邊那個Ｙ字型的小東西就是抗體，他就像是個帶著入侵病毒畫像的捕捉器，四處去捕捉入侵病毒，當他們捉到入侵病毒的時候，會把入侵病毒扣在原地，等我去把入侵病毒吞掉，可是抗體沒有辦法進到細胞裡面，所以這時候就要靠ＮＫ細胞及ＴＣ細胞，他們可以把被入侵病毒佔領的細胞破壞，把入侵病毒從細胞裡面揪出來，再讓抗體去捉他們。ＴＰ細胞是個廣播器，當入侵病毒完全被消滅之後，他會四處播放勝利的消息，通知我們不用再戒備，可以好好休息了。」

達克翹起大姆指，讚佩的對巴布說道：「有你們這群這麼優秀的戰士保護著這個王國，一定不會被入侵病毒得逞，對不對？」

巴布搖搖頭，嘆口氣說道：「病原的種類相當多，而且有些又有特殊的能力，有時候真的很難應付。」

達克一副不敢置信的模樣，巴布接著說道：「在人類有一種反轉錄病毒，人們都稱他愛滋病毒，這種病毒很會變身，所以很難捉摸，現在是這個樣子，但下次再看到已經是別的樣子了。最難纏的是，愛滋病毒會把ＴＨ細胞弄瞎，讓他看不見入侵病毒的樣子，整個免疫系統也就沒有辦法發揮作用，最後不論什麼樣的病原進來，都可以長驅直入，我們完全沒有辦法防備。」

達克打了個冷顫，說：「原來如此，好可怕，難道沒有辦除掉愛滋病毒，只能讓愛滋病毒繼續囂張下去。」

巴布無奈的搖著頭，說道：「即使目前有很發達的醫學，還是拿他沒辦法，或許在不久的將來會有辦法，但現在還是只能儘量從感染的途徑去防範。」

雖然達克對病毒這個名字並不陌生，但是從沒想過，病毒的種類這麼多，而且一種比一種難纏。

達克和巴布正聊著，溶小體匆匆跑來，神情緊張，叫道：「不好了，不好了，血液中發現大量病毒，這個病毒是前所未見的，不但破壞力極強，而且來勢洶洶。」

巴布聽到這個消息，急忙鑽進血管裡，只見血管裡滿佈病毒，正在破壞血管裡的紅血球，每一個病毒都各自選定一個紅血球侵入，短短的幾分鐘，紅血球就裂開來，然後釋放出成千上萬的病毒，達克看到這個景像，驚訝的說不出話，光是聽巴布說就已經夠令達克震撼，如今看到這種情況，更令達克感到無比的恐懼，如果把蝗蟲過境當作文藝片來看，用恐怖片來形容達克眼前看到的病毒感染情形，一點都不爲過。

B細胞不斷的製造抗體捕捉病毒，巨噬細胞則不停的吞噬被抗體捕捉的病毒，並把病毒分解、消滅，但是病毒產生的速度實在是快的可怕，簡直是以百倍速的成長速度，大量紅血球被破壞之後，也讓環境的氧氣急驟減少，在免疫細胞得不到充足的氧氣供應之下，戰況更顯得不利，不到一盞茶的功夫，免疫系統已經完全處於下風，任病毒宰割。

雖然巴布也加入吞噬這些病毒的行列，達克也連忙施展「隔離魔法」，想要幫助巴布對抗這些病毒，但所有的努力，就好像拿一杯水去救森林大火一樣，一點用處都沒有，陣亡的各種細胞已經不計其數，達克心想，如果雷蒙在就好了，希望能和上次一樣，有奇蹟出現。但是達克並沒有發現，自己的魔法已經和雷蒙不相上下，即使雷蒙出現也一樣無法突破這個困境。因爲這個病毒實在太可怕了，奇怪的是，達克竟然對眼前的病毒有一種親切的感覺，連達克自己都覺得不可思議。

巴布汗水涔涔，疲累的神情寫滿了巴布的臉，無奈的對達克說：「你趕快走吧！留在這裡，恐怕你也會有危險，這些病毒的破壞力實在是令人匪夷所思，我想再不久，我們就會全軍覆沒，你趕快趁現在還有一點時間快離開。」

達克一面施展魔法，一面對巴布說：「我不會在這最緊要的關頭棄朋友不顧，我會和你一起奮戰到最後一刻，不論結果如何，我一定會和你一起承擔。」

巴布感動的說不出話來，只是點點頭，笑著對達克說：「好，我們一起努力到最後，決不讓病毒小看我們奮戰的決心。」

時間慢慢的流逝，每一分，每一秒都好像一年那麼漫長，也不知道經過了多久，達克和巴布終於筋疲力竭，再也失去戰鬥的能力和意志，情況也已經完全絕望。

就在達克與巴布已經絕望之際，遠方突然出現點點光亮，小精靈開始聚集在達克週圍，達克極力的抗拒，大叫道：「我不要走，我要留在這裡。」

一個小精靈突然對達克說話，道：「達克，辛苦你了，你放心，我會解決的。」小精靈說完，緩緩伸出手，手中放出萬丈光芒，光芒雖然刺眼，但浸沐在其中，卻覺得非常詳和，好像是母親的懷抱般溫暖，達克閉上眼睛，感受著這詳和的氣息，漸漸淡忘了剛才戰爭的恐懼與不安。當光芒逐漸褪去，只見小精靈手中握著一顆小小的病毒，其他的病毒已經完全消失。

小精靈說：「達克，你帶著病毒，我們走吧。」

達克點點頭，轉身對巴布說：「我走了，你要保重。」

巴布雖然滿身疲困，依依不捨用力的揮手說：「我會的，你也保重，我會永遠記得你的，達克。」

達克已失去氣力，軟癱在小精靈的光芒中，笑著說：「小精靈，這是你第一次直接現身，是爲了救我嗎？」說完就昏睡過去。

小精靈很快的將達克包圍，帶著達克離開，這次達克沒有和小精靈說話，因爲疲倦讓達克很快的就進入睡夢中。小精靈們這次沒有飛舞，深怕驚醒了達克，只是靜靜的帶著達克，前往下一個未知的旅程。

第七章

# 失控

一個失控的情緒，可能會傷害別人。一部失控的車子，可能會發生車禍。那一個失控的細胞呢？不論結果如何，失控都是一件極可怕的事。

達克睡得很沈，或許是因爲太累，也可能是從極度緊繃的情緒下鬆懈下來，這一覺，是達克有生以來睡的最甜也最滿足的一次。

不知道過了多久，達克才悠然醒來，一睜開眼睛，就看到一群ＤＮＡ，圍繞在自己身旁，每個都以好奇的眼神看著自己，被這意外狀況驚嚇的達克，差點叫出聲來，待心情平復之後，緩緩坐起身來，達克才開口問道：「請問……。」

達克話還沒說完，所有的ＤＮＡ一哄而散，全躲了起來，只剩下達克獨自傻愣愣的坐著，使得達克一時之間手足無措。

達克站起身來，向其中一個ＤＮＡ走近，但是每走近一步，ＤＮＡ就後退一步，始終與達克保持著一定的距離，無可奈何的達克索性又躺到地上，假裝睡著。

這個方法果然奏效，好奇的ＤＮＡ又一一的圍了過來，達克敏捷的彈起身來，順手抓住其中一個ＤＮＡ，其他的ＤＮＡ看到這種情形，不但全部四下逃竄，而且逃得無影無蹤，被達克抓住的ＤＮＡ拚命想掙脫，口中還不斷大喊：「救命啊！有誰來救救我……？」喊沒兩句，就嚇昏了，達克趕緊扶著DNA，讓DNA平躺在地上，心想：「怎麼會有這麼膽小的DNA，今天真讓我大開了眼界。」

達克口中唸唸有詞，施展「回復魔法」，週圍的靈氣慢慢的在達克的手中聚成一個光球，達克把收集到的靈氣灌到DNA身上，DNA很快的就已經轉醒，DNA一醒來看到達克，又想逃開，達克這次不敢再去抓他，怕他再次昏倒，只是站在原地，說：「我叫達克，是個精靈，你不用害怕，我不會傷害你的。」

DNA和達克保持一定的距離，小小聲的說：「你站在那裡就好，不要太靠近我，不然我會怕。」

達克試圖緩和DNA恐懼的情緒，攤開雙手，說：「你真的不用害怕，如果我會害你，剛才怎麼會救你，對不對？」

DNA搖搖頭，說：「才不是，如果不是你捉著我，我也不會昏倒，不會昏倒就不需要你來救。」

達克嘗試各種辦法，就是沒有辦法讓DNA不再害怕，更別說和DNA溝通。達克頹喪的坐在地上，玩起地上的蛋白質。突然間，靈機一動，達克站了起來，開始運用本

身的魔法來變魔術。達克首先拿起地上的一顆蛋白質，緊緊握在手中，再張開時，蛋白質竟變成一隻活蹦亂跳的兔子，兔子從達克手中跳開，達克開始追逐這隻兔子，當達克很努力的抓到兔子的瞬間，兔子突然變成一隻老虎，張牙舞爪的向達克撲來，嚇得達克拔腿就跑，就在老虎追上達克，一口咬在達克的腳，ＤＮＡ看到這裡突然大叫起來，在ＤＮＡ的叫聲中，達克竟變成一顆蛋白質，而老虎也變成了達克，手中還握著剛才那顆蛋白質。達克的魔術和一般的魔術不一樣，一般的魔術用的是道具、手法技巧和障眼法，達克的魔術全是由魔法來推動，不需要任何道具，也沒有障眼法，所以格外精彩。

魔術果然成功吸引了ＤＮＡ的視線，好奇的ＤＮＡ目不轉睛的看著達克變魔術，每到精彩處，ＤＮＡ還會鼓掌叫好，達克看時機成熟，便不再表演下去，但ＤＮＡ還意猶未盡，也忘了「害怕」，跑到達克旁邊，說：「再繼續表演嘛！我從來沒看過這麼有趣的東西，好不好，求求你啦！」

達克笑了笑，說：「你不怕我啦！」

ＤＮＡ突然意識到自己竟站在達克身旁，嚇得趕緊逃開，等到ＤＮＡ覺得距離安全了，才開口說：「繼續表演好不好，求求你啦！」

達克指著前方三公尺，一個突出在地面的蛋白質說：「來，你坐到這裡我才要繼續變魔術。」

DNA猶豫了很久，往前二步，又後退一步，達克在DNA的眼中看到極度的矛盾，想看魔術的情緒與害怕陌生人的情緒不斷交戰著，最後想看魔術的情緒戰勝了，DNA一屁股坐到蛋白質上，說：「好了，可以開始表演了。」

等待著DNA坐到這個蛋白質上的時間是漫長的，達克的情緒也隨著DNA前進二步而興奮，後退一步而沮喪，一整個過程下來，達克像是洗了個情緒的三溫暖，不過總算皇天不負苦心精靈，DNA終於坐到蛋白質上了。達克接著繼續變魔術，心想：「總算和他拉近了點距離。」

待達克把整個壓箱寶用完，魔術表演也告一個段落，DNA難掩興奮的情緒，高興的說：「你好厲害喔！你能不能留下來，這樣每天我就有魔術可以看，不會那麼無聊了。」

達克欲迎還拒，欲擒故縱，說：「可是你那麼怕我，爲了不要讓你害怕，我還是走好了。」

DNA拉著達克的手說：「不會不會，我不會怕你，你看，我都敢和你站在一起，還

拉你的手，怎麼還會怕你呢？」

達克環顧四週說：「其他的ＤＮＡ呢？他們在哪裡？你可以找他們一起來看魔術，人多比較熱鬧。」

ＤＮＡ搖搖頭，一副不可能的樣子說：「他們每個都是躲貓貓的高手，如果他們自己不出現，連我也找不到他們，所以別想去找他們了。」

達克心想：「他們大概太膽小，經常這樣躲躲藏藏，才變成了躲貓貓的高手。」

ＤＮＡ疑惑的看著達克，說：「你怎麼不說話，你是答應留下來了嗎？」

達克點點頭，答應留下來，ＤＮＡ高興的手舞足蹈，達克看了看四週環境，問道：「我要怎麼稱呼你，這裡又是哪裡。」

ＤＮＡ說道：「我叫莎莉，是迷你馬的神經細胞裡的ＤＮＡ，以後你叫我莎莉就可以了。」

達克說：「我叫達克……。」莎莉接著說：「是個精靈，對不對。」

達克笑了笑，說：「原來你還記得，我還以爲你會怕到忘記了呢！」

莎莉不服氣的說道：「我是很敏感的，週圍的環境只要有一點點變化，我都能記得一清二楚，這是我身為神經細胞的職責所在。身處在危機四伏的環境之中，如果連這點都做不到，怎麼能活得下去呢！所以千萬不要太小看我的才能。」

莎莉接著向達克介紹自己管理的範圍，說道：「你看，我管的地方大概分為本體、樹突、軸突。本體也就是你現在站的這個地方，是我主要辦公的地方。樹突是本體外面比較短的觸手，像收音機一樣，可以接收訊息。長的觸手是軸突，當我把接收的訊息處理過以後，就透過軸突播送到其他細胞去。」

達克看著莎莉，完全不像剛見面那樣膽小，對眼前的事物都能侃侃而談，講得頭頭是道，如果不是剛才親眼所見，達克真是打死不相信莎莉會是那個膽小的ＤＮＡ，想到這裡達克不禁「嗤」地一聲，笑了出來。

莎莉像是個愛撒嬌的小女孩，興高采烈的把自己所知道的事情一一說給達克聽，一面講還一面做著誇張的動作來配合自己的內容，簡直就是說演俱佳，只是一講就是幾個小時，達克起初很專注的聽著，不過，因為剛才使用了太多魔法，所以聽著聽著就睡著了，還發出嚕嚕的打呼聲，莎莉不太高興的嘟起嘴，用力搖著達克，說道：「達克，你怎麼可以睡覺，我還沒說完呢！」

達克勉強睜開雙眼，說道：「我真的好累，讓我睡一下好不好，等我睡飽了一定專心聽你把話說完。」

莎莉不甘願的答應，然後靜靜坐在達克身旁，望著達克，等待著達克醒來。不久，達克終於恢復體力，醒了過來，莎莉看到達克醒了，很高興的又開始了滔滔不絕的演講，這次達克沒有再睡著，很有耐心的將莎莉的話聽完，達克盤算了下時間，大概是一天一夜，達克不由得燃起佩服之心，想：「竟能滔滔不絕的連續說上一天一夜，佩服、佩服！」

莎莉說完之後，達克才有機會開口，說道：「你懂的真多，而且口才真好，可以講這麼久，如果是我，就算知道也沒有辦法一次講那麼久。」

莎莉不好意思的說：「還不是那群無膽的ＤＮＡ，看到什麼都怕，整天神經兮兮的，害我已經好久好久都沒有說話了，天天就是處理那些無聊的訊息，接收、處理、播放，接收……」達克心想：「你還不是一樣，什麼都怕。」

達克擔心莎莉這一講又是一天一夜，不等莎莉把話說完，急忙打斷莎莉的話，問道：「你們怎麼會這麼膽小，還一天到晚神經兮兮的。」

莎莉搔搔頭，說道：「馬天生就沒有膽，而且神經質，所以我會這樣也很正常，如果在野外，我還得站著睡覺呢！」

達克不懂爲什麼要站著睡覺，問：「躺著睡不舒服嗎？爲什麼要站著睡？」

莎莉說：「因爲我怕半夜有野獸來攻擊，所以必須站著睡覺，要逃比較快，不用浪費站起來的時間，可以保障自己的安全。」

達克啞口無言，莎莉接著說：「沒有膽也很好啊，沒有膽就不會去嘗試冒險的行爲，可以保護自己不受傷害，難道你沒聽說過『膽大妄爲』嗎？膽子越大就容易胡作非爲，而且膽子太大就會不把危險當一回事，很容易受傷的。」

達克聽著莎莉是似而非的歪理，苦笑著反駁道：「膽大不代表就會胡作非爲，有冒險的精神才能體會生命的價值，只是一味的躲在自己的小框框裡，永遠都看不到廣大的世界的，難道你以爲自己看不見就沒事了嗎？」

嗶嗶嗶，樹突接收到訊息，發出提示的聲音，莎莉對達克說：「你等一下，我去處理一下，馬上就回來，千萬不要走開。我只是去一下下，不能走開……。」達克點點頭，連聲說道：「好好好，你趕快去，或許有重大的事呢。」

莎莉輕快的走回辦公室，很快的把事情處理完後回到達克面前，說道：「只是有個細

胞不聽話，小事一樁，已經把不聽話的細胞處理掉了。」

達克說道：「怎麼會有細胞不聽話，不是全都受一定的管理嗎？」

莎莉點頭說：「對啊，正常來說，所有的細胞都會接受管制，不會隨便亂來，不過事情總有例外，偶爾就會出現一些意圖破壞的背叛者。」

「雖然DNA看起來是一大串，林林總總加起來有幾十億個，但是卻可以再細分成好幾十萬個片段，每個片段裡都會包含幾千到幾十萬個小節。這些片段會透過蛋白質來控制生物的性狀，頭髮的顏色，身高體重，是不是會捲舌等等，每個片段都可以簡單的區分爲三大部分，開始、延伸、結束。」

「DNA總不能沒事胡亂做個蛋白質出來玩一玩，所以每個片段之前都會有個密碼鎖，把密碼鎖打開後才能開始工作，不過工作也不能漫無止盡的做下去，所以每個片段之後都有個停止標誌，這就是每個片段的主要三大部分。」

「DNA要製造蛋白質必須要經過二個步驟，DNA先轉錄成RNA，RNA再轉譯成蛋白質。舉個簡單的例子，如果你的老闆是個外國人，有一天他叫你進他的辦公室，指派你一項工作，但是你又聽不懂他說的話，你就可以先用錄音機把他說的話錄下來，等離開辦公室之後，再找個懂這些話的人翻譯給你聽，然後你就可以去做老闆指派的工作了。」

「不過這些片段之中有幾個叫做『致癌基因』的不肖分子，他們不是會讓細胞不聽指揮的隨意分裂變多，就是會胡亂製造些可以毒死自己的蛋白質，所以一旦發現有細胞的致癌基因密碼鎖被打開，我們就必須趕快處理，剛才那個不聽話的細胞就是密碼鎖被打開，準備分裂的細胞。」

「你知道我是怎麼控制免疫系統的嗎？我想你一定不知道，所以我就直接告訴你吧！其實免疫也不是我控制的，我只是其中的一個部分而已，屬於旁泌素。另外兩就是內泌素和自泌素了。我猜你一定不知道這是什麼意思，旁泌素就是我放出激素去控制周圍的細胞，自泌素就是自己放出激素控制自己，內泌素則是細胞放出激素後，激素會隨著血液流到全身，去尋找目標細胞，經由我們之間的合作，才能控制免疫系統的。懂了嗎？」

莎莉說到這裡，稍稍停了一下，看了看達克，只見達克正在掏耳朵，莎莉好奇的問道：「達克，你在做什麼，是耳朵癢嗎？」

達克沒有回答，只是把頭側到一旁，突然從耳朵掉出許許多多的文字，這些文字和剛莎莉所說的話一模一樣，一下子就堆滿了達克的腳邊。

莎莉意會過來，嗔怒的說道：「你嫌我說太多，故意把我說的話倒出來，我不管啦，你嫌我太多話，我生氣了！」

達克陪笑道：「純粹開個小玩笑，我看你說得實在太認真了，想緩和一下情緒而已。」說完又趕緊把一個字一個字的塞回耳朵裡面，莎莉看到達克手忙腳亂的把文字一個塞回耳朵的模樣，忍不住格格的笑了出來，整個氣氛頓時間緩和了下來。

達克把文字塞完後，很正經的說：「據前方斥候回報，肝臟有細胞癌化，試問莎莉女王如何處置？」

莎莉笑得更誇張，上氣不接下氣的說：「不要這麼嚴肅。」說完又笑，笑到眼淚都流出來還停不下來。達克得意的在一旁看著，直到莎莉的情緒漸漸平靜，不再狂笑了，達克才說道：「感覺很舒服，對不對，一天到晚緊張兮兮對自己不好，放輕鬆才健康。」

莎莉點點頭，含情默默的看著達克，達克被看得有些不好意思，趕緊說話，道：「那如果細胞不聽話的時候，你都怎麼處理？」

莎莉也覺得剛剛有些失態，飛紅了臉頰，急忙轉過頭，說道：「這種失控的情形每天都會發生，不過這種失去控制的細胞，都會產生和其他正常細胞不同的蛋白質，這種蛋白質對我來說就像入侵者，只要一發現這類入侵者，我會派NK細胞去把他抓出來，而且NK細胞就好像巡邏警察一樣，一直在身體各處巡視，一發現有異狀，就會馬上處理，所以通常都不會有問題發生。」

莎莉說完轉過頭來看向達克，又看見達克在掏耳朵，莎莉嘟起嘴，鼓起雙頰，縐起眉頭。達克見狀連忙揮雙手解釋道：「沒有沒有沒有，我真的只是耳朵癢，可能是有人在說我的壞話，千萬不要誤會。」

達克的舉動，又惹得莎莉眉開眼笑，達克也搔搔頭，逕自的傻笑了起來。

第八章

# 老鼠的兒子會打洞

在魔法世界裡，達克因誤觸「微縮魔法」而失蹤的消息己經傳到所有精靈的耳裡，精靈長老更指示所有精靈一起動腦筋，想辦法把達克救出來。雷蒙在這段時間裡，爲了要找出達克而鑽研更多古老的強大魔法，爲了鑽研這些魔法，進而找出解除「微縮魔法」的方法，雷蒙每天將自己關在研究室裡，累了就睡，醒了就開始研究魔法，日復一日，使得雷蒙的魔法力量己經凌駕於精靈長老之上，更遠遠超越了其他的精靈。

這天，精靈長老找來火精靈古西斯，說：「最近我翻閱古書時，發現書中記載，在黑暗谷中，有一顆可以解除『微縮魔法』的靈珠，雖然這是個重大的發現，但是黑暗谷一向被列爲禁區，我考慮了很久，或許只有你才能完成這個任務。」

古西斯是力量強大的魔法戰士，天生就具有光的能量，能使光之魔法，光與暗相生相剋，因此才會被精靈長老選爲這次任務的執行者。但是，古西斯雖然天生擁有光之能量，能使用光之魔法，但這也是他的缺點，光之能量太盛，缺乏其他能量調和，讓古西斯做事往往只憑一股蠻勁，完全不用頭腦，而且脾氣火爆而衝動，大家不好意思叫他火爆精靈，怕他翻臉相向，因而稱古西斯爲火精靈，而未成年的精靈們在古西斯雖然稱他爲火精靈，背後卻叫他火蠻牛，這也是精靈長老考慮很久的原因。

古西斯被精靈長老賦予重大任務，而且自己是所有精靈中唯一能勝任這項任務的精靈，當然當仁不讓，意氣風發，得意的笑了起來，說道：「長老果然慧眼識英雄，知道我是所有精靈中最優秀的，也是未來的魔法導師，我一定不會讓長老失望，我很快就會把這顆珠珠帶回來」精靈長老看著古西斯這副模樣，怕是成事不足，敗事有餘，正想取消這次任務，另想辦法，沒想到古西斯話還沒說完就展開飛行魔法，咻的一聲，凌風而去，只留下錯愕的精靈長老在原地乾著急。

精靈長老無奈的搖搖頭，想：「唉！蠻牛就是蠻牛，連黑暗谷是什麼樣的地方都還不知道，就這樣魯莽前去。」

長老害怕古西斯發生意外，口中唸唸有詞，手中慢慢聚集了一顆光球，光球的感覺很像「隔離魔法」的氣泡，只是比「隔離魔法」的力量更強大，長老對著光球說道：「『超隔離魔法』，去保護古西斯，別讓他有任何意外，不然我會內疚一輩子。」

光球彷彿聽得懂長老說的話，在長老手上彈了二下，立即以極快的速度，破空而去。光球很快的就追上了古西斯，並悄悄的融進了古西斯的體內。

這時的古西斯滿腦子都是自己完成任務，凱旋而歸時，精靈們夾道歡迎的熱烈場面，

完全不知道光球已經進入體內，更不明白黑暗谷爲何千萬年來一直被視爲魔法世界的禁區。

當古西斯飛到黑暗谷上空紅雲時，一股強大的拉力將古西斯硬生生從空中扯到地上，古西斯一屁股重重的跌在地上，疼得古西斯覺得屁股彷彿裂成了四塊，古西斯站起來，揉了揉屁股，心想：「幸好沒有真的裂成四塊。」口中還不停咒罵，從這麼高的地方直接跌下來，沒把古西斯跌個粉身碎骨，還毫髮無傷，也真算是個奇蹟。

黑暗中，古西斯察覺到附近有銳利的眼神，正虎視眈眈的看著自己，叫道：「是誰？給我滾出來。」古西斯說著，運用魔法製造出一個照明光球，讓自己在黑暗中得到一絲光明。

八頭不知名的怪物從黑暗中，呲牙咧嘴，慢慢走出，在古西斯身旁圍成一圈，伺機而動，古西斯見狀不慌不忙的施展「光合魔法」，八束紅光由古西斯身上激射而出，分別射向八隻怪物，怪物左閃右躲，但光束有如長了眼睛，不斷追擊怪物，並在怪物身上劃出一道道血痕，受創的怪物，紛紛抱頭鼠竄，八道光束在空中盤旋一圈，回到古西斯身上。

古西斯見狀，志得意滿的想道：「這些怪物真容易對付，什麼千萬年沒有精靈敢進入的黑暗谷，不過是一群怕光的小角色。回去以後，一定要把我英勇消滅怪物的事蹟吹噓一番。」想到這裡，不由得狂態畢露，大笑了起來。

「是誰這麼吵，竟敢擾亂我的睡眠。」

古西斯聽到聲音的同時，地面也開始震動，古西斯腳底的地面突然迅速升起，眼前也出現六顆眼睛，是一頭三頭魔獸，古西斯就站在這隻魔獸的背上。

這隻魔獸有三個頭，每個頭上都長著尖銳的利刃。有著像小山丘一樣巨大的軀體以及強有力的尾巴，身體外面覆蓋著一層泛著黑色光芒的鱗甲。牠的六個眼睛閃著異樣的紅光，彷彿具有看透其他生物內心恐懼的能力。

古西斯見狀迅速跳離魔獸的背部叫道：「怪物，看我的『光合魔法』。」八道紅色光束急速射出，但結果卻出乎古西斯的想像。

光束擊中噬光獸就如同把水滴進大海，消失的無影無蹤，噬光獸大笑，笑聲驚天動地，天地彷彿受到驚嚇般，不安的顫慄著，古西斯摀住耳朵，感覺耳膜似乎要裂開一樣。

笑聲中傳來噬光獸的聲音：「千萬年來，沒有精靈敢進入黑暗谷，你好大的膽子，不

過你敢進到黑暗谷表示你不是很勇敢就是很愚蠢。」

古西斯大聲說道：「我是來找靈珠的，你如果敢阻礙，我就把你消滅。」古西斯口中這麼說，可是兩腳已不聽使喚的抖著。

聽到古西斯的話，噬光獸笑得更大聲，說：「想消滅我噬光獸？我想你可能還沒睡醒，還在說夢話。既然你想拿靈珠，我就給你一個機會，我原地不動讓你攻擊，只要你能讓我有一點痛的感覺，我就把靈珠給你，記住，你只有一次機會，可是如果你不能讓我有痛的感覺，就只能當我的點心了。」

古西斯有生以來，未曾受過輕視，眼前這隻噬光獸的侮辱，簡直讓古西斯氣瘋了，古西斯集中全身的魔法，施展光之魔法中威力最強大的「光龍魔法」，霎時間，虹光萬丈，一條巨大的火龍由古西斯頭頂竄出，挾著無比的氣勢，直撲噬光獸，意料之外的，結果竟然和「光合魔法」一樣，一去無回，古西斯簡直不敢相信眼前所發生的一切。

噬光獸搖搖頭說：「不痛不癢的，小子，準備當我的點心吧！」說完即向古西斯猛撲過來，古西斯想逃，但剛才一擊已耗盡所有力氣，想逃也逃不了，他開始後悔爲什麼不留點力量，起碼還有脫困的可能，現在可是一點機會都沒有了。

古西斯被噬光獸一口吞到肚子裡，精靈長老的「超隔離魔法」及時發揮作用，光球由古西斯體內擴大，直到將古西斯包圍，保護著古西斯不受噬光獸胃裡的毒液浸蝕，被吞到噬光獸肚子裡的古西斯仍不住罵：「可惡的長老竟派我來這麼危險的地方，臭達克，不學無術的傢伙害我來這裡被怪物吞到肚子裡，爛雷蒙，自己不來救弟弟，害我弄得這麼狼狽……嗚……。」罵著罵著就害怕的哭了起來。

§　§　§　§

達克突然覺得耳朵癢，想必是被古西斯咒罵的關係。另一方面達克正和莎莉有說有笑，達克突然想到一個問題，說道：「你為什麼沒有膽呢？是不是生病了？」

莎莉說：「才不是呢！因為我媽媽沒有膽，我爸爸沒有膽，我的所有兄弟姐妹沒有膽，所以連我都沒有膽，這就叫作遺傳。」

達克問：「遺傳是什麼？怎麼會讓你們一家子都沒有膽。」

莎莉又有機會演講，自然很開心的說：「你聽過龍生龍、鳳生鳳、老鼠的兒子會打洞嗎？因為遺傳的關係，所以下一代會繼承父母的性狀、外貌、生物特性等等，無膽本來

就是馬的生理特性，所以我也繼承了父母的這個特性，如果我的父母無膽，而我有膽，那不是很奇怪嗎？」

「說到遺傳嘛，就一定要好好的介紹我自己，你看我的身體，是不是左右二邊，而且兩兩對稱Ａ配Ｔ，Ｇ配Ｃ，這樣的構造有著很多的好處。你知道爲什麼我要分成左右兩邊，而且兩兩對稱嗎？不用想也知道你不清楚，那就讓我來做個說明好了。」達克什麼都還沒說，全讓莎莉說了，達克只能笑笑，繼續聽下去。

「當精子和卵子在形成時，會經過兩次減數分裂，減數分裂的時候，ＤＮＡ需要經過複製，複製的時候左右二邊的ＤＮＡ會分開，進從反向半保留複製，但是複製的過程中難免會突槌的時候，所以複製結束後，會有一個修復酵素來幫忙檢查，如果有大意裝錯的，修復酵素就會把錯的拿掉，裝個對的。不過檢查總得有個依據吧！原有的一邊就是修復酵素檢查的依據，所以才需有左右二邊，兩兩對稱的構造，懂了吧！如果不懂，我可以說得再詳細一點。」

達克趕緊說道：「懂了！懂了！」

莎莉說：「是真的懂了還是敷衍了事，真的懂了才好，如果不懂，可不要不說，不說的話，就得不到答案，得不到答案就浪費了我剛才說的那些話，浪費了我剛才說的那些話，我就會難過，我難過……。」

達克連忙制止莎莉，說：「我真的懂了，真的，我發誓，你的意思是說這種構造可以讓DNA保持代代相傳的特性，不致於讓DNA在複製的過程因錯誤而導致突變，對不對。」達克深怕莎莉無止盡的演講下去，只得趕緊說話爲自己解圍。

「沒錯！這樣我就相信你真的懂了，因爲如果你還是不懂的話，我就必須再花許多時間……。」莎莉的話匣子好像一打開就很難停下來，達克正爲這件事情頭大的時候，遠遠的小光點又出現了，達克心想：「救星終於出現了。」

達克對莎莉說道：「我必須走了，如果有機會，我再來變魔術給你看。」

莎莉不高興的說：「你不是說要留下來，爲什麼又要走。」

達克說：「你看到這些光點嗎？他們是來接我的，所以我一定要走了。」說話同時，達克己在小精靈的包圍中慢慢消失。

莎莉不甘願，卻也無可奈何的說：「好吧！不過你要記得回來看我，回來變魔術給我看。可是你一走我又會覺得好無聊，又沒有人可以陪我說話了，所以你有時間一定要回

來看我，要不然……。」莎莉話還沒說完，達克就已經消失了，連再見都來不及說。

# 第九章

# 一等一的聰明寶寶

這天貝亞來到雷蒙家門口，叫道：「雷蒙！你在家嗎？」深鎖的大門後只傳來一陣寂靜。

貝亞等了許久，仍然沒有回應，說：「我知道你在家，爲什麼要把自己鎖在家裡面？難道這樣就可以救達克了嗎？我也希望可以早日救出達克，但整天把自己鎖在屋子裡有什麼用，我們可以去找長老，看看長老有沒有什麼辦法。」貝亞的話，換來的仍是空盪盪的迴音，貝亞低下頭，說：「你知不知道這段時間，我有多擔心你，每次來都被你拒於門外，難道你不知道我有多難過？如果你不出來，我就一直站在這裡，直到你肯出來見我爲止。」

良久，門終於打開了，雷蒙站在門內，說：「貝亞，我知道你關心我，但是妳又何必這樣，我承受不起，達克的事，我會想辦法，妳大可不必操心。」

雷蒙的冷淡，讓貝亞無言以對、滿腹委曲。從小的兒時玩伴，爲什麼今天會用這種態度對待自己，貝亞一點都想不透，只能告訴自己，或許雷蒙是因爲達克的事而心煩。

貝亞深吸了一口氣，說：「我只是關心你，你又何必用這種態度對我呢？」

雷蒙眼中出現片刻後悔的神情，但這神情很快就消逝無蹤，取而代之的是嚴厲的眼光，毫不領情，淡淡的說：「謝謝妳的好意，但我不需要妳的關心，妳回去吧！」

貝亞悵然的轉過身，說：「我走了，但是不論如何，都希望你不要把事情悶在心裡，如果需要幫忙，隨時都可以來找我。」貝亞說完，頭也不回的往前走。

雷蒙眼睛閃過一絲落寞的眼神，深情的看著貝亞的背影，長長的嘆了口氣，低聲說道：「貝亞，對不起，我也不想這樣，但是我有我的苦衷，希望妳能諒解。」雷蒙緩緩關上門，繼續自己的研究。

§　§　§　§

達克既然已經知道小精靈聽得懂自己的話，就不斷想要和小精靈說話，小精靈依然只是笑而不答。看著正在飛舞的小精靈，達克甚至想要抓一隻下來，直接使用暴力讓小精靈就範，乖乖和自己說話，但達克只是想想，並沒有真的這麼做。

小精靈消失之後，達克習慣性的看看四週，這是達克在這段旅程中所養成的習慣，這個地方和達克之前所到的地方都完全不同，到處張貼著寫滿了各種公式的小紙條。

達克隨便撕下一張紙條，仔細的看著，但是不論左看右看，正看還是反過來看，達

克頭上仍是一大堆問號，達克苦笑的想：「這是什麼地方啊，怎麼到處都是這種看不懂的東西。」

達克越往前走，紙條就越多，達克一面走，一面收集掉在地上的紙條，不久，達克就看到一個ＤＮＡ，背對著達克坐著。達克慢慢走近，開口問：「請問……。」

達克話還沒說完，ＤＮＡ頭也不回，只是揮揮手，說：「噓……，不要說話，不要影響我算數學。」

達克閉上嘴巴，不再說話的站在一旁，許久，ＤＮＡ還是沒有動靜，達克看那些紙條也看得頭昏腦漲，再也等不下去了。達克蹲到ＤＮＡ的桌子旁，想看看ＤＮＡ到底算得怎麼樣了，只見ＤＮＡ手中拿著筆，嘴角流著口水，竟然睡著了，達克輕輕拍拍ＤＮＡ的背，說：「哈囉，起床囉。」

ＤＮＡ驚醒，迅速擦掉殘留在嘴角的口水，繼續動筆算數學，說：「不要說話，不要影響我算數學。」

達克心想：「再等下去可能會在這裡瘋掉。」想到這裡，達克迅速把身子移到ＤＮＡ面前，眼睛直盯著ＤＮＡ說：「能不能請你停一下筆。」

DNA好不容易停下筆，眼睛看著達克，說：「怎麼不早講，我早就想休息了，只是沒有人叫我停，我只好一直寫。」

DNA的話惹得達克哭也不是，笑也不是，說：「我是達克，是個精靈，請問你爲什麼要寫這麼多公式。」

DNA右手撐著眼鏡，說：「你可以叫我哈利斯，你問我爲什麼要寫這麼公式，那我倒要問你，爲什麼你要問我爲什麼要寫這麼多公式。」

哈利斯的問題可把達克問倒了，達克笑笑，想了一會，說：「因爲……。」哈利斯不等達克說完，接著說：「因爲你不知道爲什麼我要寫這麼多公式，對不對？」

達克點頭說：「對對……。」其實達克從頭到尾都不知道哈利斯在說什麼，使得達克開始疑懷，到底是自己太笨，還是哈利斯講得太深奧了。

哈利斯拿起其中一張紙，問達克說：「你知道這張在寫什麼嗎？」達克搖搖頭，哈利斯又拿出另一張問達克同樣的問題，達克仍是搖搖頭，哈利斯得意的說：「果然我還是最聰明的。」

達克心中非常不服氣，但是對哈利斯的問題卻一題都答不出來，只好說：「你真的很

聰明，請問你寫這些要做什麼。」

哈利斯一副目中無人的神氣，雙手不時在身上、臉上抓著，說：「因爲我要做全世界最偉大的科學家，所以要從小開始訓練各方面的知識，不論是數學、物理、化學，都難不倒我，是不是很厲害呢，當然你是不可能懂這些的。」

達克聽得如入五里迷霧，可是又不敢隨便發問，只得挑最基本的問題：「這是什麼地方？」

哈利斯低下頭，想了很久，才如釋重負的回答：「想起來了，最近都只忙著寫這些公式，差點忘了這是什麼地方。仔細聽好，這裡是一個還沒有植到母體的受精卵。」

達克想不到，連這麼簡單的問題，哈利斯的答案都如此深奧，達克自從進到ＤＮＡ的世界，沒有受到像現在這麼大的打擊，達克沮喪的低下頭，深深嘆了一口氣。

哈利斯拍拍達克的肩，說：「千萬不要覺得沮喪，也不用覺得難過，更不要因爲比不上我而覺得慚愧。」

達克聽到哈利斯的鼓勵，心中有點感動，心想：「畢竟他也不是那麼自大的人。」想不到哈利斯接著說：「因爲你現在正跟全世界最聰明的人在一起，所以完全不用覺得羞愧，比我差都是正常的，懂嗎？」哈利斯說完，興奮不斷跳上跳下。

達克聽完哈利斯的狂言，頭壓得更低，直想自己鑽個洞把自己埋了。但很快就又想起了雷蒙的話，「天生我才必有用」，哈利斯或許在很多方面比自己更優秀，但自己也不見得樣樣比哈利斯差，想到這裡，達克也就放寬心，不再那麼在意了。

達克抬起頭看著哈利斯，說：「你說你是個還沒植到母體的受精卵，為什麼呢？受精作用不是在輸卵管中進行的嗎？」

哈利斯雙手背在身後，說：「一般的情況的確是在輸卵管，但我比較特別，我可是經過基因改造的成果。」

達克完全聽不懂哈利斯的話，疑惑的問道：「什麼是基因改造。」

哈利斯自傲的說：「基因改造就是改變原有基因，把優秀的基因由各個不同的個體取出，放到同一個個體，使個體成為最優秀，當然我就是這個最優秀的個體。」

達克看著哈利斯，懷疑的說：「這種事真的可行嗎？有人做這種事嗎？」

哈利斯繞著達克轉，打量著達克，說：「當然，讓我告訴你幾個例子，你就知道基因改造是可行的。對農夫來說，農作物最怕就是病蟲害及天然的水災及旱災，農作物一旦

遇到這些不利的環境，大概就報銷了。可是經過基因改造的農作物，既可以抵抗病蟲害，對於天然的災害也有很強的適應力，不但有仙人掌對抗乾旱的基因，也有沼澤區植物對抗水災的基因，而且生長速度快，產量大，這樣的農作物是不是很棒呢？」

達克點點頭，哈利斯接著說：「再說靈芝、人蔘這些高級的藥材，這些藥材雖然營養豐富，但因爲產量少，生長不易，所以特別昂貴。經過基因改造，我們可以把靈芝、人蔘裡面製造營養成份的基因取出，移到一些常見的農作物上面，像稻子，麥等，不但吃飯像吃補，而且便宜又方便。」

達克讚嘆的說：「真是了不起，竟然可以想出這種利用基因改造來改變生物原有的性狀，可是你說的全都是植物，只果使用在動物上也一樣行得通嗎？」

哈利斯搔搔癢，笑了笑說：「早猜到你會這麼問，我們把其他動物控制腦容量的基因，移殖到老鼠胚胎細胞裡，經過不斷實驗的結果，終於成功的做出一隻基因轉殖鼠，而且這隻基因轉殖鼠比一般老鼠更聰明呢！」

達克說：「動物實驗才剛成功，人類就開始做人體實驗？這樣不會有問題嗎？」

哈利斯微笑著，說：「我不是人類的受精卵，我是——猴子的受精卵。」

達克恍然大悟，說：「原來你不是人類，那爲什麼要騙我說你是人類呢？難道當人類有比較好嗎？」

哈利斯揚起嘴，說：「我從來沒說過我是人類，你那隻耳朵聽到我親口說我是人類，沒有嘛，對不對？」

達克仔細回想和哈利斯對話以來，哈利斯的確從未提過他是人類，是自己一直往錯誤的方向思考，想到這裡，達克不禁笑了起來。

哈利斯摸不著頭緒，不知道達克在笑些什麼，問：「你在笑什麼？」

達克緩緩情緒，說：「我笑我自己太笨，竟然一直都沒猜到你是猴子，反而認爲你是人類，雖然你的言語會讓人誤會你是人類，可是你所表現的樣子卻像個頑皮的猴子。而我竟然會相信你的話而不相信自己所看到的事實。你說這樣子是不是很可笑。」

哈利斯眼珠咕嚕咕嚕地轉著，回答：「達克，你說話越來越讓我聽不懂。」

達克嘴角微揚，對哈利斯說：「那你是怎麼經過基因改造的呢？」

哈利斯很得意的說：「其實要變聰明有二個方法，一個是增加腦容量，另一個是增加腦細胞的表面積？」

達克問道：「有差別嗎？」

哈利斯斬釘截鐵的說：「當然有差別，腦容量增加，腦細胞的表面積一定會增加。腦細胞的表面積增加，腦容量卻不一定會增加。所以真正決定腦細胞表面積的因素是腦迴的數量與深度，腦迴越多越深，腦的表面積也越大，也就會越聰明。」

達克問道：「腦迴是什麼？爲什麼會增加腦的表面積？」

哈利斯開始顯現猴子的本性，在達克身旁蹦蹦跳跳，說：「腦迴就是大腦表面的紋路，紋路越多當然表面積越大，就好像一個正方形，表面積就只有六個面，如果從中間切一刀，表面積就變成八個面了，所以紋路越多、越深，表面積越大。」哈利斯在達克身旁蹦蹦跳跳的說：「要裝斯文還真難，還是當猴子自在點。」

達克聽到哈利斯的話，笑道：「當然是做原來的自己最自在，何必要裝斯文呢？」

哈利斯不管達克的話，繼續說：「爲了讓我變成全世界最聰明的猴子，人類在我的身體裡加了一段ＤＮＡ，這段ＤＮＡ可以讓我的腦迴變多變深。」哈利斯指著自己身體後段的ＤＮＡ說：「你看，就是這一段。」

達克心想：「我看這段ＤＮＡ除了讓你變聰明之外，也讓你變成了無厘頭。」

哈利斯接著說：「ＤＮＡ是小到眼睛看不到的東西，總不可能像搬家一樣，要怎麼搬就怎麼搬。想不想知道，人類是用什麼方法把ＤＮＡ加到我的身上。」

達克點點頭，說：「當然想，不過你要說真的，不要再搞怪，把我搞的一頭霧水。」

哈利斯笑了笑，說：「不會了，不會了。」

# 第十章 乾坤大挪移

自從古西斯被噬光獸吃到肚子裡之後，精靈長老一直悶悶不樂，既想不出辦法救古西斯，也找不到方法拿到靈珠，最後精靈長老下定決心，派精靈中魔法力量最大的兩個精靈出馬。

雷蒙與貝亞接到精靈長老的通知後急急忙忙趕往長老住處，雷蒙一見到長老，二話不說直接問道：「長老，爲什麼你不讓我知道靈珠可以救出達克的事，卻叫古西斯去尋找靈珠，是長老覺得古西斯比我更優秀嗎？何況救達克是我這個當哥哥份內的事，何必勞動其他精靈。」

長老連忙解釋，說：「不是不是，實在是因爲你正閉關研究魔法，我不想打擾你，以免妨礙你的進度。另一方面是因爲靈珠在黑暗谷中，古西斯是所有精靈中光魔法最強大的精靈，所以我才派他去。」

貝亞笑笑，說：「長老，你這就不對了，你明知道古西斯個性衝動，做事不經大腦，還派他去。這不是害他嗎？」

長老苦笑，說：「我也不想，本來想取消任務，沒想到他實在太性急，我話都還沒講完，他就直接衝到黑暗谷了，我也來不及阻止。」長老說完雙手一攤，只能搖搖頭。

雷蒙情緒稍緩，說：「長老，那麼你現在找我和貝亞，一定有什麼計劃需要我和貝亞去做吧！」貝亞接著說：「只要我們能做的，自當盡力而為。」

長老嘆口氣，說：「我也沒有什麼計劃，只是覺得應該要把古西斯救出來，也要找到靈珠，所以想來想去，只能藉重兩位的能力，我想除了你們兩位之外，已經沒有精靈可以擔任這個任務。」

貝亞轉頭看了看雷蒙，只見雷蒙眉頭深鎖，說：「雷蒙，我想黑暗谷是非去不可，不過我認為要先把黑暗谷的情況探清楚之後再行動，這樣好了，我先去一趟黑暗谷，回來後我們再想對策。」

長老點點頭，說：「這主意不錯，雷蒙你認為如何。」

雷蒙搖搖頭，不贊同貝亞的意見，說：「貝亞，謝謝你的好意，但我不能讓你獨自去冒險，要去我們一起去，管他龍潭虎穴，我雷蒙才不放在眼裡。」

貝亞心中暗自微笑，表情仍嚴肅，說：「驕兵必敗，古西斯就是一個例子，雷蒙你可不能再犯同樣的錯。」

雷蒙看著貝亞眼中關心的神情，心中雖明白貝亞的心意，但雷蒙一直沒有任何表示，

甚至開始逃避貝亞，除了雷蒙必須專注於魔法的研究之外，同時雷蒙也明白，達克一直暗自喜歡貝亞。從小到大，達克的一切都被雷蒙的光環所剝奪，雷蒙一直對此耿耿於懷，達克從小就喜歡貝亞，雷蒙不願意把達克僅剩的一點希望也奪走，所以即使整個魔法世界都知道貝亞對雷蒙的情愫，雷蒙卻始終不爲所動，一直把對貝亞的感情鎖在內心深處，不敢表現出來。

雷蒙對貝亞點點頭，說：「放心好了，我不會像古西斯那麼衝動。」接著轉頭對長老說：「我和貝亞現在就出發到黑暗谷。」

貝亞拉住雷蒙的手，說：「別急，我們先看長老還有什麼話要交待。」雷蒙感到貝亞的手心傳來一股溫熱的暖流，心中不禁一陣悸動，雷蒙忍住激盪的心緒，擺脫貝亞的手。

長老笑笑說：「還是貝亞比較冷靜。」長老說完看向雷蒙，雷蒙只是笑笑，並不說話，長老接著說：「黑暗谷中最可怕的魔獸有二種，一種叫作噬光獸，噬光獸不但力量驚天動地，更可以抵抗一切魔法。另一種叫作封印獸，文獻上對封印獸只有名稱記載，完全沒有其他資料可考，是一種極爲神秘的魔獸。」

雷蒙聽完，從身上拿出有關黑暗谷的文獻，說：「長老、貝亞，你們真是太多慮了，我做事一向謹慎，絕對不會是第二個古西斯，我早就把黑暗谷所有資料看熟，所以才不需要再聽長老說一次。」雷蒙眼光望向貝亞，雖然貝亞嘴角仍掛著一絲微笑，但眼神中的失望與落寞，看在雷蒙的眼中，深深刺痛著雷蒙的心。

貝亞笑了笑，說：「好吧，長老我們走了。」

雷蒙與貝亞口唸飛行咒語，施展『飛行魔法』，往黑暗谷飛去。一路上兩人都沒有說話，貝亞頻頻望向雷蒙，眼中充滿情意的關懷，但雷蒙卻只是專注的看著前方，貝亞始終無法猜到雷蒙心中的想法。他們很快的越過了村莊與森林，來到沙漠上空。貝亞首先打破沈默，問道：「既然你早就看過關於黑暗谷的文獻，應該知道靈珠可以救達克，爲什麼不直接到黑暗谷，而要等到長老下命令呢？」

雷蒙笑了笑，說：「雖然我知道靈珠可以救達克，可是根據記載，黑暗谷的魔獸並不簡單，以我當時的力量根本無法擊敗這些魔獸，所以才會躲起來苦練魔法，誰知道長老竟然派古西斯前去冒險，實在是不智之舉。」

貝亞對雷蒙的見解佩服不已，說：「那你現在有把握救回古西斯，取回靈珠嗎？」

雷蒙搖搖頭，說：「噬光獸就已經很難應付，還有一種沒有記錄的封印獸，貝亞，說

真的，我沒有把握，而且我也不希望你來冒險。」

雷蒙的話聽在貝亞耳裡，似乎在表達關懷之意。但雷蒙錯綜複雜的心情，究竟純粹只是不想讓達克喜歡的對象去冒險，還是不願意讓自己心愛的人犯難，連雷蒙自己都不明白。但雷蒙很清楚，萬一發生意外，雷蒙不但無法對自己交待，更不知道如何面對達克。

雷蒙與貝亞漸漸接近黑暗谷上空的紅雲，紅雲裡隱約透出詭譎的氣氛，雷蒙感到有些異樣，轉頭對貝亞說：「魔法結界有狀況，我們先回到地面上。」

貝亞點頭，兩人同時回到地面上，雷蒙說：「貝亞，你剛才有沒有感覺魔法結界和黑暗谷交界處有一股奇異的力量。」

貝亞說：「我感覺那是一種限制魔法的力量，彷彿穿過魔法結界就會失去力量。」

雷蒙稱讚貝亞說：「不愧是貝亞，你說的沒錯，黑暗谷上空的紅雲有一種可以解除所有魔法的力量，所以只要飛行系的魔法，在黑暗谷都行不通。」

雷蒙與貝亞一面討論一面朝黑暗谷走去，當他們走進黑暗谷入口，不約而同的停下腳步，看著黑暗谷的入口，拱形的入口滿佈尖銳的岩石，遠遠望去彷彿是張著血盆大口，等待獵物上門的怪獸，雷蒙與貝亞對望一眼，比肩走進黑暗谷的入口，甫一踏進入口，如同踩進黑暗世界，伸手不見五指，雷蒙驅動魔法製造照明光球，只見裡面是一個長長的隧道，洞內的牆壁上，佈滿了爪痕，地上散著無數各種不同的枯骨，若是一般的精靈可能已經嚇得魂不附體，但雷蒙和貝亞並不是等閒的精靈。

雷蒙一面聚精會神的環顧四週，一面對貝亞說：「貝亞，看樣子，黑暗谷裡住的可不是什麼善類，我們得小心才行。」

貝亞仔細看著地上的頭骨，嘆口氣說道：「這些生物生在黑暗谷，就必須爲了生存不斷過著弱肉強食的生活，我想這也不是他們所願意的。」

雷蒙不再對貝亞冷淡無情，因爲雷蒙明白，一旦踏入黑暗谷，不知道還能不能順利離開，所以也沒有必要再封閉自己的內心，這樣的心情反而讓雷蒙能夠坦然的面對貝亞。他們邊走邊聊，不知不覺已經走到隧道的終點，貝亞一直希望這段路永遠都走不到終點，讓彼此能永遠保有這片刻的寧靜。長久以來，雷蒙一直封閉著自己的心，讓貝亞即使有著無數榮耀的光環，卻始終快樂不起來。

一踏出隧道，噬光獸已經在谷口等著他們，一副蓄勢待發的模樣，說：「我剛感到有

二股強大的力量接近，想必就是你們，已經很久沒有生物能讓我產生這麼強的威脅感了。」

雷蒙仔細打量著噬光獸，神情輕鬆的說：「看你這麼威武的模樣，你應該是噬光獸吧！」

噬光獸狂笑，一陣天崩地裂的音波直襲而來，說：「沒錯。」雷蒙與貝亞暗地同時施展『定形魔法』，在魔法的力量範圍之內，地面不但沒裂開，連動也不動一下，雷蒙與貝亞互看了一眼，對彼此的心有靈犀配合無間，覺得不可思議，雷蒙說：「小心一點。」貝亞點點頭說：「你也是。」

噬光獸停止笑聲，說：「你們果然比較有看頭，不像之前那個小丑，連替我搔癢的資格都沒有，還妄想得到靈珠。」噬光獸一說完立刻展開攻擊，一道火焰出奇不意的襲向雷蒙。

雷蒙敏捷的向右閃躲，並不急著還擊，反而鎮定的說：「噬光獸，你怎麼會知道靈珠的事？莫非你知道靈珠的下落？」

噬光獸說道：「只有笨蛋才會相信靈珠在黑暗谷，那是我在五百萬年前，爲了引誘精靈進入黑暗谷才散播出去的謠言，想不到現在還有精靈會相信，甚至把我編的謊言記錄成書，真是太可笑了。」噬光獸一面說著，一面仍以三個血盆大口分別從三個不同的方向，迅速咬向雷蒙。

貝亞心下一涼，望向雷蒙，見到雷蒙臉上出現茫然的眼神，動作也變得遲緩，不禁叫道：「雷蒙！千萬不要被噬光獸影響，即使靈珠不在黑暗谷，我們還是得救出古西斯，達克也還等著你去救，趕快集中精神。」

雷蒙被貝亞點醒，馬上回過神來，千鈞一髮的躲過噬光獸的攻擊，說：「貝亞，多謝妳的提醒。」噬光獸痛恨貝亞壞了自己的攻擊，回頭朝貝亞噴出一道雄雄烈火。

貝亞迅速躲避，也不急著攻擊，反而消遣噬光獸說道：「何必氣得一肚子火。我這裡有些降火氣的藥，你要不要試吃看看。」

貝亞的話讓噬光獸更為火光，口中噴出的烈火更密集的攻向雷蒙與貝亞，雷蒙與貝亞一面閃躲，一面觀察噬光獸，想找出噬光獸的弱點。雷蒙先用各種試探性魔法攻擊噬光獸，貝亞則仔細觀察雷蒙每一種魔法對噬光獸的影響，幾個小時過後，貝亞得到一個結論，噬光獸果然和文獻記載一樣，不怕任何魔法。

雷蒙也知道噬光獸不怕任何魔法，向貝亞做個全力攻擊的手勢，貝亞點點頭，集中

力量施展「轉嫁魔法」將力量灌入雷蒙體內，傳到雷蒙體內的「轉嫁魔法」，不但含有魔法力量，更帶著貝亞對雷蒙的情意，雷蒙心領神會，對貝亞報以溫柔的微笑。微笑過後，眼神變得嚴肅而認真，雷蒙對自己施展「肉體強化魔法」，以強化的肉體與力量，和噬光獸進行沒有花巧的肉搏戰鬥，貝亞則用魔法不斷加強雷蒙的力量。力量強化後的雷蒙以極快的速度穿梭在噬光獸的烈火中，看準時機，躍在噬光獸頭頂，一拳打在噬光獸頭上，打得噬光獸昏頭轉向，噬光獸不甘示弱，同時間以強而有力的尾巴掃向雷蒙，雷蒙躲避不及，以雙手全力擋住噬光獸的尾巴，但仍像砲彈般彈向山壁，雷蒙在空中旋轉一圈，雙腳蹬住山壁，借力再度衝向噬光獸。

雙方不斷你來我往，打得難分難解，一時之間，雷蒙與噬光獸倒也打得勢均力敵，平分秋色，誰也佔不了誰的便宜。

§ § § §

達克問道：「怎麼把ＤＮＡ換來換去，有什麼特殊的方法或工具。」

哈利斯說：「有幾種方法，而且只要四種工具，就可以完成ＤＮＡ的轉移。」

達克說：「這麼神奇，是哪些方法。」

哈利斯侃侃而談，說：「第一種是直接混合，只要直接把外來DNA加到細胞裡，細胞就能自動把外來DNA加到自己的DNA裡。第二種是利用電壓把細胞表面穿孔，再把提供DNA及接受DNA的兩種細胞放在一起，讓他們自行交換。第三種是使用微注射器，直接把外來DNA注射到細胞裡。第四種是運用病毒來做載體，先把DNA放到病毒裡，再利用病毒來感染細胞，把外來的DNA載到細胞裡。第五種就是先把DNA附著在金屬微粒上，使用DNA發射器直接把DNA打到細胞裡面。」

達克意猶未盡，說道：「那麼需要那些工具？」

哈利斯不急不徐的說：「第一種工具是限制巖，像剪刀一樣，用來把DNA剪斷。第二種是接合巖，像膠水一樣，可以把二段DNA黏在一起。第三種是載體，運送DNA到細胞裡。第四種當然就是被轉移的細胞，少了這個宿主，DNA就不知道該轉移到那裡了。」此時的哈利斯說來頭頭是道，完全不像之前那個說話顛三倒四的頑皮猴子。

達克看看哈利斯，說：「想不到你這個猴子懂的東西還真多。」

哈利斯得意的笑道：「那當然，我可是經過改造，腦袋瓜一等一的猴子，懂的事情多

是很平常的。」

談笑之間，小精靈已然隱約出現，當小精靈越來越近，達克的身體也感受到小精靈的接近，開始出現變形的情況。

哈利斯看到達克變形的身體，嚇得跳到桌子後面，顫抖著說：「你怎麼了，你的身體怎麼歪七扭八的。」

達克說：「不用怕，我的朋友來接我離開而已。」

哈利斯點點頭，但仍害怕的躲在桌子後，達克突然想到一個問題，說：「對了，一直哈拉些有的沒的，你都還沒回答我第一個問題，你到底寫那些公式做什麼？」

哈利斯搔搔頭說：「也沒什麼，我很想當個人類，可是我始終是隻猴子，所以我寫那些公式，用來滿足我幻想成爲人類的慾望。」

消失中的達克對哈利斯說：「你就是你，你是隻聰明的猴子，何必去羨慕人類，好好做你自己才是最重要的。做一個稱職的猴子，你會是最優秀的，做一個不稱頭的人類，你只會變得不倫不類，懂嗎？」

哈利斯跳上桌子，點點頭，用力向達克揮揮手，說：「我會記得你的話，做個適合自己的猴子。」

# 第十一章

# 華陀也要低頭的醫療技術

小精靈暖暖的光芒包圍著達克，達克除了享受光芒的滋潤，也不忘記不斷引誘小精靈和自己說話，達克滔滔不絕的說著，反正小精靈聽得懂，如果說到他們受不了，或許就會和自己說話了，達克打著這個如意算盤，當小精靈消失，達克只得承認如意算盤又打錯了。

到達新的地點，達克馬上就看到一個辛勤工作的ＤＮＡ，達克向他走近，只見ＤＮＡ頭戴小帽，肩上還披了條毛巾，不斷擦拭額頭的汗水，手上的工作卻不曾停止，達克走到ＤＮＡ身旁，禮貌的說：「你好，我是達克，請問你現在在做什麼呢？」

ＤＮＡ斜眼瞄了達克一眼，手中還不斷工作，說：「你好，我是山姆。」說完又專注於自己的工作。

達克說：「山姆，請問你爲什麼要這麼努力的工作呢？」

山姆揮汗說：「工作當然要努力，否則很容易被解雇，如果失業的話就糟了，我可不能失業。」

達克好奇的問：「請問這是哪裡呢？」

山姆說：「這裡是研究室的培養皿，我是大腸桿菌的ＤＮＡ，請問還有什麼問題？」

達克坐了下來，說：「山姆，先休息一會吧，休息是爲了走更長的路，不斷的工作，很容易造成反效果，該休息就是要休息，對不對？」

山姆想了一想，好像也挺有道理，說：「好吧！」停下手中的工作，甩甩兩臂，覺得酸痛不已，口中唸著：「原來休息這麼舒服。」

達克驚訝的說：「難道你從不休息？」

山姆點點頭，右手搥搥左肩，左手捏捏右臂，說：「對啊，我從不知道什麼是休息，工作就是我存在的唯一目的。」

達克幫山姆捏頸搥背，消除山姆長期工作累積的疲勞，說：「你的工作是什麼，能讓我知道嗎？」

山姆閉上眼睛，享受達克的按摩，說：「你技術真不錯。」隔了一會兒，又說：「我的工作是製造胰島素，這是很偉大的工作。」

達克疑惑的問：「胰島素？那是什麼，你爲什麼要製造胰島素？」

山姆說：「說話就說話，手不要停下來。」達克連忙又開始幫山姆按摩，山姆才繼續說：「我從頭說起好了，胰島素是治療糖尿病的一種藥。」達克打斷山姆的話：「山姆，

對不起，能先告訴我什麼是糖尿病嗎？」

山姆客氣的說：「當然可以，人在吃下食物以後，血液中的葡萄糖會昇高，這時候胰臟會製造胰島素，把葡萄糖變成肝糖貯存起來，可是胰島素不足的話，葡萄糖沒有辦法變成肝糖，也不能貯存，就會隨尿排到體外，所以稱爲糖尿病。以前人類都是從豬的身上抽取胰島素，不過豬的胰島素和人的還是有一點差別，而且能夠用的數量不多，所以非常貴，用起來並不好用，所以人類才想到利用我來製造胰島素，不但產量大，而且又便宜。」

達克說：「真是偉大的工作，可是你怎麼會製造人類的胰島素？」

山姆說：「人類把胰臟細胞裡面製造胰島素的那段ＤＮＡ搬到我身上，所以我就知道怎麼製造胰島素。」

達克說：「人類真是聰明。」山姆接著說：「還不只這樣，人類利用ＤＮＡ搬家的方法做了很多事，所以我才要更努力的工作，以免丟了工作。」

達克好奇的問：「你的工作效率這麼好，產量又這麼大，工資又便宜，怎麼會怕丟了工作。」

山姆搖搖頭，說：「達克，你有所不知，人類最近正在研究一種取代我的方法，如果被他們研究成功，我恐怕就沒工作做了，唉，人類越進步，我們的失業率就越高。」

達克安慰山姆，說：「不會的，你的工作這麼偉大，不會被解雇的。」

山姆說：「別安慰我了，如果你知道人類想用什麼來取代我，你就會知道我早晚都會丟了工作，我實在很擔心。」

達克說：「人類想用什麼方法來取代你？」

山姆說：「僞器官，就是做一個假的器官，因爲人類認爲，只要把製造胰島素的DNA搬到我身上，我就可以製造胰島素，同樣的，把製造胰島素的DNA搬到皮膚細胞或許也可以讓皮膚細胞製造胰島素。這樣的話，連打針都省了，到時我就沒頭路了。」

達克說：「沒工作以後，你要怎麼辦？」

山姆笑了笑，說：「以前我都覺得工作很重要，所以不斷拚命工作，但休息之後，我覺得工作並不是一切，我還是有很多事可以做，只是現在還沒想到，但總是有事可做，放心好了。」

達克拍拍山姆的肩，說：「能這樣想最好，你知道人類還用DNA搬家的方法做些什

麼事？」

山姆屈指數著，說：「太多了，數都數不完。」

達克雙掌合十，說：「能不能告訴我，拜託，我對這些很有興趣，我想知道把ＤＮＡ搬來搬去究竟能做些什麼？」

山姆搔搔頭，勉爲其難的說：「好吧，不過這種技術的應用實在太多了，我也不知道能不能說得完整。」

達克感激的說：「沒關係，沒關係。」

山姆想了想，說：「先告訴你，關於基因疫苗好了，達克，你知道免疫系統嗎？如果不知道，我就從頭開始說。」

達克說：「免疫系統我已經知道了，你直接說基因疫苗就可以了。」

山姆說：「既然你已經知道免疫系統，那也該知道免疫系統對抗病毒的方法。」達克點點頭，山姆接著說：「免疫系統在第二次遇到同樣的病毒時，可以很快的產生抗體，這叫作免疫記憶反應，人類運用這種免疫系統的特性，做了很多疫苗，像是死菌疫苗、活毒疫苗，主要是把整個病毒樣子提供給免疫系統。」

達克問：「死菌、活毒有什麼分別嗎？」

山姆回答：「當然有分別，死菌疫苗是把病毒用一些方法去除活性，讓病毒完全不再有感染力，所以只能引起體液性的免疫反應，就是以抗體爲主的免疫反應。可是活毒疫苗只是用特殊方法把病毒能引起疾病的能力減弱，像是養在不適當的宿主，這樣病毒的毒力就會減低。這種疫苗因爲還有感染細胞的能力，所以可以同時引起抗體以及TC細胞的免疫反應，效果會比較好，可是病毒卻有復活的危險。」

「不過現在有更進步的方法來做疫苗，就是我剛說的基因疫苗。人類把病毒裡面用來製造標記的DNA拿出來，放到我的身上，我也可以幫人類做病毒的標記，這樣人類就不用直接把病毒注射到體內來當作疫苗。」

達克點點頭說：「你說的事情真有意思，還有嗎？」

山姆說：「再來的話，說說食品改造好了。」

達克說：「是不是增加農作物產量之類的，如果是這些，我已經知道。」

山姆搖搖頭，說：「不是不是，也是和疫苗有關，人類除了做基因疫苗之外，還嘗試把病毒標記的DNA搬到植物裡面。」

達克皺起眉頭，說：「搬到植物裡面要做什麼？」

山姆說：「當然是當做疫苗囉，你想想，如果吃個香蕉或蘋果就有打一針的效果，還有誰想要打針，對不對？」

達克點頭讚同，山姆繼續說：「人類把病毒標記的ＤＮＡ放到農作物的種子，隨著植物的生長，當果樹長出水果的時候，病毒的ＤＮＡ也會表現，製造病毒標記，這樣子他們就可以不用再打針，只要吃吃水果就可以了。」

達克說：「如果食品改造真的這麼好用，那還發展什麼基因疫苗。」

山姆說：「其實食品改造還是有一些限制，第一個就是胃酸的問題，標記是一種蛋白質，會被胃酸破壞。第二個就是吃到肚子裡的標記引起的免疫反應製造的是抗體Ａ，可是打針的標記引起的免疫反應製造的是抗體Ｇ，所以效果讓人覺得有些懷疑。第三個問題就是如果不停的吃進病毒標記會不斷刺激免疫系統，製造太多的抗體，這些抗體如果多的連身體都排不掉，就會黏在血管壁上，造成身體的損傷。所以食品的改造才會受到很多阻礙。」

達克說：「原來如此，那要吃改造食品可要多注意才行。」

山姆點頭，說：「對啊，亂吃改造食品是很容易出問題的，接下來我們再來談談另一個話題。」

達克彷彿挖到寶，開心的說：「好啊，我洗耳恭聽。」

山姆看達克這麼專心的聽，也興高采烈的說：「你應該聽過器官移殖，但是動物的器官移殖呢？可能就沒聽過了吧！」

達克搖搖頭，說：「動物器官移殖，是把動物的器官移殖到人類身上嗎？」

山姆舉起大姆指，說：「真聰明，一猜就中，不過動物的器官移殖可不比一般的器官移殖，爲了做到完美的器官移殖，我們要先改變動物的基因。」

達克問：「爲什麼？」

山姆說：「因爲器官移殖最怕的就是排斥問題。」

達克問：「什麼是排斥，是不是像人類的排除異己，把立場和自己相同的人留在身邊，把立場不同的拉下台。」

山姆點頭，說：「對，很接近了，因爲人類的本身的細胞標記在胎兒的時候，就會被胸腺做上記號，表示這些記號是自己人，其他的都是外來客。」

達克不解的說道：「什麼是胸腺？」

山姆說：「胸腺是一種早期的免疫器官，能在胎兒出生前辨別本身細胞，以便在出生後區分本身細胞和外來物，如果外來物在胎兒時就已經進到體內，就會被認定是本身的細胞，是不是很有趣。那你知不知道人類本身也會排斥自己的細胞？」

達克驚訝的說：「怎麼會，不是全部都已經做上記號了嗎？」

山姆說：「對，可是精子是青春期才會開始製造，沒有經過胸腺辨認，所以會被認爲是外來客。幸好正常的情況，身體的免疫系統不會接觸到精子，否則這些精子可要感嘆身體之大，竟然沒有精子的容身之地。如果精子不幸接觸到女性的免疫系統，會讓女性的身體產生免疫反應，到時精子想到卵子身邊，可得和抗體大玩捉迷藏，那精子就辛苦了。」

達克說：「原來如此，生命還真是多采多姿。」山姆接著說：「移殖的器官會被免疫系統看做是不受歡迎的外來客，所以很容易被排擠、破壞，尤其是血管越多的器官，排斥情形越嚴重。像皮膚及眼角膜移殖，因爲血管少，就比較沒有這個問題。」

達克問：「那要怎麼辦？」

山姆說：「目前大都是用免疫抑制的藥物來控制免疫系統不要隨便破壞，但聽說最近有人在研究利用基因移殖的方法來減少排斥反應。」

達克問：「怎麼做？」山姆突然覺得肩膀一陣酸痛，說：「你看你看，每次你一說話，就會忘了按摩，還要我提醒你。」

達克馬上開始繼續替山姆按摩，說：「抱歉抱歉，你繼續說。」

山姆覺得肩膀傳來陣陣酸麻的快感，才滿意的說：「做最多的是豬，因爲豬的心和人的心大小及形狀都很像，而且豬長的很快，只要六個月，就以把心臟拿來用了。實際的做法我不是很清楚，可能是把人類標記的ＤＮＡ放到豬的胚胎裡面，然後再把豬的標記ＤＮＡ拿出來，讓豬本身不能表現特殊的標記，這樣人的免疫系統就不會覺得豬的心臟是外來客，而把豬心當作自己人。」

山姆頓了一下，才繼續說道：「之前有一種人造器官，一開始是很好用，但畢竟不是生物組織，要有外力來控制才能發揮功能，像人工心臟要用節律器來控制，節律器又很容易受電波干擾，說不定打個行動電話就會讓人工心臟停止跳動。」

達克應了聲：「喔！」山姆接著說：「那麼最後，我再告訴你關於基因療法，你還聽

得下去嗎？」

達克做個ＯＫ的手勢，說：「當然沒問題，這麼有趣的話題怎麼會聽不下去，越多越好。」

山姆說：「十幾年前，有一個小女孩得了『合併免疫缺乏症』，這是一種遺傳性的疾病，主要的原因是身體裡面少了一段製造腺甘脫胺酵素的ＤＮＡ，少了腺甘脫胺酵素，沒有辦法把破壞Ｔ細胞的毒素代謝掉，免疫系統的功能會因此而降低或者喪失，很容易被感染而死亡。」

達克說：「那不是只能活在無菌的環境，不能到戶外看看美好的世界。」

山姆說：「對，爲了幫這個小女孩，醫生從小女孩的身體裡面拿出一些白血球，然後把製造腺甘脫胺酵素的ＤＮＡ搬到病毒的ＤＮＡ裡，再用這個病毒來感染小女孩的白血球，透過病毒把腺甘脫胺酵素的ＤＮＡ帶給白血球，再把白血球放回小女孩體內，連續的治療之後，這個小女孩的病情已經改善。」

達克說：「真是神奇，只是把ＤＮＡ搬來換去，就可以得到這麼多不同的成果。」

山姆看看手錶，驚慌失措的說：「糟了糟了，混太久了，我該繼續工作了。」

達克說：「你剛剛不是說要好好休息，怎麼又要開始工作了？」

山姆無奈的說：「沒辦法，工作久了，一休息就覺得怪怪的，總覺得混身不自在，所以我還是回去工作好了。」

山姆說完，達克的身體已經開始變形，達克說：「山姆，謝謝你告訴我這麼多關於DNA的事。」

山姆說：「不客氣，有空來幫我按摩。」

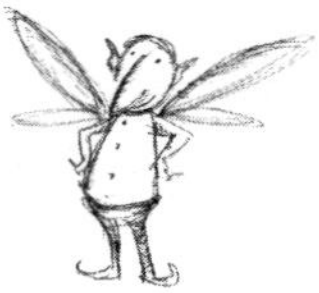

# 第十二章

# 伊甸園

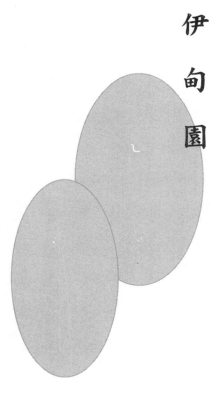

達克在黑暗中，不知何故有一種很奇怪的感覺，達克說不上來，就是覺得怪怪的，身旁的小精靈有點不太一樣，但自己卻說不出個所以然。達克很努力觀察，想知道爲什麼會有異樣的感覺，也忘了和小精靈說話，一盞茶的功夫過去，達克一點收獲也沒有，但小精靈已經離開了。

達克環顧四週，景像讓達克張大了嘴，久久不能閉上，激盪的情緒在達克胸中翻騰，無法平復，達克眼前呈現的是無數的ＤＮＡ，一一被釘在牆上，完全失去了自由。達克完全不能了解，爲什麼會有這麼多不同的ＤＮＡ，齊聚在一個地方，一個細胞一種ＤＮＡ是達克認爲理所當然的事，可是眼前所出現的情況，已經超出達克可以理解的範圍，達克想破頭腦也無法想出是怎麼一回事的，因爲這已經不是自然現象。

達克走近其中一個ＤＮＡ，問道：「請問你是誰，爲什麼在這裡呢？」

ＤＮＡ雙眼透露出憤憤不平的神情，感嘆的回答：「我是修，是隻雲豹的ＤＮＡ，這裡是一個專門存放ＤＮＡ的銀行，我在這裡是因爲我已經快絕種了，如果不來這裡，我的ＤＮＡ就會從這個世界上消失了。」

達克皺著眉頭說道：「爲什麼？」

修嘆口氣，咬牙切齒的說道：「因為可惡的人類很喜歡我的皮毛，常常捕捉我的同伴，把皮剝下來，做成衣服，慢慢的，我的同伴越來越少，現在幾乎已經找不到我的同伴了。」修越說越是激動。

達克為修打抱不平，說：「人類怎麼可以這樣做。」

修很快的由激動轉成沮喪，無奈的說：「因為人類自以為是這個世界的主宰，世界上的一切資源都是為了人類的生存。」

達克忿忿的說：「人類怎麼可以這麼自私，不同生物之間應該要和平相處，才能維護生態的平衡，難道人類都不明白這個道理嗎？」

修腦怒的說：「大部分愚蠢的行為是因為慾望與無知所引起，而慾望和無知是很多人類共同的毛病，不過現在情況慢慢有在改變，人類也知道生態保護的重要，所以開始繁殖一些快要絕種的動物，只是人類還看不到事情的根本，只是一味的復育，效果畢竟有限。」

達克說：「怎麼說呢？」

修說：「動物在自然界中都有自己的定位，有適合自己的環境，也有適合的天敵來調

節族群的大小，人類只是刻意把快絕種的族群大量繁殖，如果有一天這些快絕種的族群變成繁殖過度，而這個族群若是另一個族群的天敵，那是不是另一個族群又會面臨絕種的危機。」

達克點頭說：「說的也是，但是不這麼做，就沒辦法挽救快絕種的族群。」

修說：「其實，現在的地球就好像一個生病的人，這個病不是現在才有，而是長期累積下來的，而最大的病原就是人類對地球的破壞，自從工業革命以來，人類對環境的污染就不曾間斷過，即使人類不把我當皮衣，過不了多久，我也會因爲沒辦法適應環境的污染而活不下去，說真的，現在適合我們生活的環境越來越少了，與其待在外面，我還不如留在DNA銀行算了。如果真要挽救快絕種的生物，最重要的除了復育之外，最重要的是給生物們一個適合生存的環境，一個沒有污染、沒有盜獵的原始棲息環境，不然怎麼復育都是頭痛醫頭，腳痛醫腳的作法，只看得到眼前的效果，而看不到未來的願景。」

達克若有所思的想著修的話，陷入一片迷思之中，當達克回過神時，看見修正直盯著自己，達克問道：「有什麼問題嗎？」

修眼睛直盯著達克說道：「你好像不是這個世界的生物，我沒見過你這種樣子的生物，不過有點像人類。只是耳朵比較尖，綠皮膚也挺特別，是染的嗎？」

達克笑著說：「是天生的，我是精靈，來自魔法世界，在我們的世界裡沒有肉弱強食，所有生物都可以互相溝通，也沒有鬥爭，大家都和平相處，是一個很快樂的世界。」

修一臉羨慕的表情，說：「有這樣的地方，我真的很想去看看，你能帶我去嗎？」

達克無奈的說：「其實我現在也回不去，我都不知道我為什麼會來這裡，所以只好說聲抱歉，我實在沒有辦法帶你去魔法世界，如果有機會，我一定帶你去，好不好！」

修點點頭，說：「一言為定。」達克點點頭，接著問：「這裡所有的DNA都是和你相同的命運嗎？」

修搖搖頭，說：「你看到的這一區都是和我相同的命運，可是你往東走，越過一道高牆，那一區的DNA就不一樣了，那邊都是人類的DNA。」

達克不明白為什麼會有人類的DNA，難道人類也快絕種了嗎？達克不解的問：「你知道為什麼會有人類的DNA嗎？」

修點點頭，說：「當然知道，人類的DNA不是因為快絕種才被放到DNA銀行裡，是為了要做DNA鑑定。」

達克說：「ＤＮＡ鑑定要做什麼？」

修說：「我從頭告訴你，你就會比較了解了。ＤＮＡ和指紋一樣，都是獨一無二的，除了同卵雙胞胎之外，所有人的ＤＮＡ都不一樣，所以ＤＮＡ不但可以拿來做身份鑑定，也可以用在血緣鑑定。」

「以前的血緣鑑定都是用血型，可是用血型又不一定準，血型鑑定的結果只有二種，一種叫做『沒有血緣關係』另一種叫做『可能有血緣關係』，怎麼說呢，人類的血型有四種，Ａ型、Ｂ型、Ｏ型以及ＡＢ型，你知道爲什麼分這四種嗎？」

達克搖搖頭，修接著說：「要仔細聽好，這可能有點複雜。如果紅血球上有Ａ標記，就是Ａ型。有Ｂ標記就是Ｂ型，同時有ＡＢ標記就是ＡＢ型，什麼標記都沒有的就是Ｏ型。Ａ型的血液裡會有對抗Ｂ標記的抗體，Ｂ型的血液裡會有對抗Ａ標記的抗體，ＡＢ型的血液裡什麼抗體都沒有，Ｏ型的血液裡對抗Ａ、Ｂ標記的抗體都有，這也是人類輸血時必須注意到的原則。ＡＢ型可接受所有的血型，卻只能輸給ＡＢ型。Ｏ型可以輸給所有血型，卻只能接受Ｏ型血液。Ａ型和Ｂ型，則互相不能接受。」

「依據孟德爾的遺傳法則Ａ型的基因型可能是ＡＡ或 Ai，Ｂ型的基因型可能是 BB

或 Bi，O型的基因型是 ii，AB型的基因型是AB。所以如果AB型父親和O型的母親結婚，子女的血型可能是A型或B型，絕不可能生出AB型及O型的小孩，所以血型鑑定才會只有二種結果『沒有血緣關係』和『可能有血緣關係』，懂嗎？」

達克有點似懂非懂，但還是點點頭，說：「那DNA鑑定呢？」

修說：「DNA鑑定就準確許多，因爲所有人的DNA都不一樣，而血緣越近，DNA的相似度就越高，利用相似度就可以判定血緣關係。」

達克問：「怎麼判定二個DNA的相似度，總不會把DNA一個一個排列出來做比較吧，就可能要花不少功夫。」

修笑了笑，說：「真是開玩笑，誰有那個閒功夫一個一個看，當然有一些特殊方法。」

達克問：「是什麼方法呢？」

修說：「一個是PCR（Polymerase Chain Reaction）另一個是電泳。我先告訴你什麼是PCR，要做DNA鑑定需要一定量的DNA，可是要一次從細胞拿到那麼多DNA是很麻煩，所以透過PCR，可以把少量的DNA變多。」

達克搔搔頭，說：「怎麼變多啊，又不是孫悟空，抓幾根毛髮就可以變出一大堆小孫

悟空。」

修笑了出來，說：「你在魔法世界還看過西遊記的故事啊，真是難得。不過也真的很像，把一點點ＤＮＡ放到儀器裡，就會變出一大堆一模一樣的ＤＮＡ，但不是憑空變出來的，聽好喔。儀器首先會加熱讓ＤＮＡ分開，然後降溫，同時加入合成ＤＮＡ的材料及耐高溫的ＤＮＡ聚合酉每，分開的ＤＮＡ會分別合成新的ＤＮＡ，等新ＤＮＡ合成完畢，再加熱重覆之前的步驟，每重覆一次，ＤＮＡ的數量就會增加一倍，幾次下來就會變很多很多了。」

達克開玩笑的說：「如果錢也可以這樣變多，一定很多人搶著要這個儀器。」

修拍拍達克的肩，說：「別想這些了，可以把錢這樣變多的只有國家銀行和做假鈔票的組織而已，不要想太多。接下來我再告訴你什麼是電泳。電泳就是讓ＤＮＡ在電流裡面游泳。」達克笑笑，說：「那不是電死了，還游個什麼泳？」

修說：「你想太多了，先聽我說，ＤＮＡ本身都有帶電，我們先把二個要做比較的ＤＮＡ用同樣的限制巖切成一段一段的，然後把二個切過的ＤＮＡ分別放在洋菜膠裡，洋菜膠裡面有很多小孔，可以讓ＤＮＡ在裡面游泳。放好ＤＮＡ以後，就把洋菜膠通電，

ＤＮＡ就會順著電流向前跑，當然體積越小的ＤＮＡ，可以在小孔裡跑得越順利，電荷越大的ＤＮＡ，和另一端的吸引力就會強，因此體積越小、電荷越大的ＤＮＡ跑得越快。經過這樣的過程，很快就可把一段一段的ＤＮＡ分出來。不過這時不是眼睛就可以看到結果，還要先把洋菜膠浸泡在螢光染色液裡，把ＤＮＡ染色以後，再用紫外燈照射，就可以看到剛剛電泳的成果，再把二個ＤＮＡ的結果做比較。就可以得到兩者的差異性，判定是不是有血緣關係。」

達克說：「這種東西這麼複雜，沒事做這種麻煩事做什麼，人類爲什麼要做血緣鑑定。」

修說：「我也不知道，可能要去問人類才能得到答案，我們動物是不可能知道人類究竟在想些什麼，或許連人類都不知道自己在想些什麼，在做些什麼。」

達克說：「或許吧，我們不是人類，我們不知道人類在想什麼，但他們不見得就不知道自己在想什麼。」

突然間，修驚訝的叫了起來，喊：「達克，你的身體怎麼變形了。」

達克笑了笑，說：「別緊張，我要到別的地方了，很高興和你聊天，如果有機會，我一定會帶你到魔法世界。」

修向達克揮揮手，開心的說：「好，我會等你，要記得你的承諾，回來帶我到魔法世界。」

達克很快就消失在修的眼前，而修的腦子裡全都是魔法世界，一個與世無爭，萬物和平相處的美麗世界。

# 第十三章

# 訂作情人

達克突然間發現到一個很奇妙的事情，之前的幾次轉移，達克只是覺得有些奇怪，但總說不出個所以然，這次達克終於知道之前爲什麼有種奇怪的感覺，小精靈的數目好像越來越少，雖然不是很明顯的變少，但達克可以感覺得到，小精靈真的變少了。

小精靈消失之後，出現在達克面前的，是一個正凝神戒備的ＤＮＡ，達克見他如此專注，也躡手躡腳的走近他，說道：「你好，我是達克，請問你現在在做什麼呢？」

「噓！別吵，別吵。」ＤＮＡ回答。

達克也不再多說，只是乖乖待在一旁，什麼也不說，不一會，整個世界突然劇烈震動，然後一陣狂吠，一陣哀號，一些打破玻璃的聲音。但很快就平息下來，此時ＤＮＡ才鬆了口氣，說：「你是誰，有什麼事嗎？」

達克自我介紹，說道：「你好，我叫達克，是個精靈。我看你剛才好像很緊張，不知道發生了什麼事？」

ＤＮＡ回答，說：「沒什麼事，我只是把小偷趕走，還順便咬了小偷一口，誰叫他那不好偷，敢來偷我看守的房子。」

達克說道：「你爲什麼要趕走小偷？」

「因爲這是我的職責，我是隻狼狗的DNA，我叫喬迪。我的主人上班去了，所以我必須保護這個家，最近治安不是很好，小偷特別多，因此我時時刻刻都要提高警覺才行。」喬迪說，說話時還不停環顧四週的動靜。

達克說：「你和巴布一樣，都是被人類飼養的寵物囉。」

喬迪反駁的說：「我才不是寵物，我是這個家的一份子，我的主人就是我的父親，對我來說，他是世界上最偉大的人。」

喬迪接著說道：「人類對待寵物，最多就是給他們飯吃，偶爾陪他們玩，但是我的主人不一樣，他不只是給我吃飯，而是自己一起坐到地上來陪我吃。他不只陪我玩，他心情不好時，會告訴我。他心情快樂時會抱著我。他在睡覺前，會唸童話故事給我聽。除了上班之外，不論到那裡都會帶著我。」

達克點點頭，說道：「聽你這麼說，你的主人的確把你當作家人一樣。不像我們精靈，從小就必須學習獨立，所以我媽也不管我，對我不聞不問，好像對我毫不關心一樣。」

雖然達克不曾感受過母親的溫暖，但達克卻不知道，在他消失的這段期間，母親小瑪麗因爲過度思念而變得白髮斑斑。

幾千萬年以來，從沒有精靈變老，但小瑪麗卻因爲達克的失蹤，傷心過度而變老。小瑪麗變老的情形對所有的精靈來說，是一個極大的震撼，因爲小瑪麗變老不但摧毀了魔法世界中不老的法則，更代表許多精靈們所相信的定律將會成爲變數。憂心的精靈們擔心自己也會受到這件事的影響而變老，也擔心魔法世界有所改變，所以精靈們嘗試了各種方法想要使小瑪麗恢復年輕，讓魔法世界回歸正常，但始終沒有任何效果。而精靈長老相信，只有找到達克才能解決這個問題，所以達克的失蹤才會成魔法世界中最迫切的事，更派古西斯、雷蒙以及貝亞前往禁區——黑暗谷。

達克接著說道：「如果依據遺傳法則，你的父親應該也是隻狼狗，而不是你的主人。」

喬迪又反駁達克的話，說：「才不是這樣，對我來說，給予我生命的就是我的父親，而我的生命就是我的主人給的。」

達克不解的問道：「怎麼說，他怎麼給你生命，他又不是狗？」

喬迪說：「他當然不是狗，他是世界上最偉大的人，也是我最尊敬的人。」

「既然他不是狗，怎麼給你生命？」

「就告訴你！其實我是隻複製狗。」喬迪說。

「複製狗？怎麼複製？」達克更加的疑惑了。

喬迪驕傲的說：「我是世界上第一隻複製狗，因爲我的主人正是從事複製技術的研究人員。」

達克實在不懂，因爲到目前爲止，達克只知道DNA可以複製，想不到連生命都可以複製，問道：「要怎麼複製呢？」

喬迪說：「複製聽來很高深，可是說穿了也不過是細胞核的轉移而已。首先我的主人從一隻母的狼犬身上取出還沒受精的卵母細胞，然後將細胞核拿掉。再從另一隻狼犬的身上取出一顆細胞，把這顆細胞的細胞核拿出來，放到沒有細胞核的卵母細胞裡面，電擊讓卵母細胞和新的細胞核融合在一起，培養到胚胎以後，再放到母狼犬的子宮裡就可以了。」

「原來如此，那這麼說的話，應該是所有的生物都可以複製囉！」達克問道。

喬迪點頭說道：「理論上來說，應該可以。」

達克心想：「如果可以複製一個貝亞，那該多好。」想到這裡，達克不由得面紅耳赤，全身發熱，頭頂冒出陣陣白煙。

喬迪關心的說道：「你是不是生病了。」

達克急忙揮手解釋道：「沒有沒有！沒事沒事！」

喬迪接著說道：「最近，我的主人正爲複製的事煩惱不已。」

達克問道：「複製有什麼好煩惱的？」

「因爲我的主人想要複製人，可是社會上卻不允許複製人的存在。」

「爲什麼不可以，狗都可以複製，爲什麼人不可以，同樣都是生命啊！」

「人自認爲是世界上唯一有智慧的生物，而且制定許多法律來保障身爲人類的權利，約束人類的行爲。人類的倫理觀念很重，而且認爲每一個人都是世界上獨一無二的，如果複製人的話，會影響人類的道德觀，甚至毀滅世界現有的所有規則及制度，所以人類不允許有複製人的出現，因爲他們不知道要用什麼角度來看複製人，是把複製人當作動物還是給予他們應有的法律保障，讓複製人成爲真正的人。這使得複製人類這件事成爲可以說，但不能做的事情。」

「如果說人類認爲複製人是一個不能碰觸的禁忌，爲什麼你的主人還想要複製人類呢？」

喬迪嘆了口氣，說：「這和我的女主人有關，也是我和主人的傷心往事。」

「能說來聽聽嗎？」達克問道

「好吧！」喬迪抬起頭看著遠方，似乎在尋找著很久很久以前的回憶，眼中充滿淚水，說道：「我的主人原本有個美麗賢慧的妻子，他們可以說是金童玉女，人人稱羨的夫妻。大約在兩年前，那時的我還是隻剛出生的小狼狗，對我的主人來說，我的出生代表了我主人的研究有了豐碩的成果。但是在研究進入最後關頭的那幾個月的時間裡，我的主人每天都關在研究室裡，專心於研究的工作，經常到凌晨三、四點才回到家，而我的女主人總是等到丈夫回家後才肯入睡。然後早早就起床為丈夫打點一切後再去工作，就這樣一直持續到我出生，開心的主人就把一生中最重要的研究成果，當然就是我，送給妻子當作是禮物，由此感謝妻子在這段時間對丈夫無悔的支持，我的女主人當然很高興，因為這份世上獨一無二的禮物是她生命中最親密的人一生的心血。卻沒想到女主人身體本來就不是很好，再加上幾個月的操勞，引起肝臟狀況急速的惡化，醫生說一定要換肝才有救，雖然我的主人執意要把肝臟捐給妻子，但因血型不合而得不到醫生的認同。」

說到這裡，喬迪激動的無法控制自己，兩行眼淚幾乎奪眶而出。達克輕輕拍著喬迪

的肩膀，不知道怎麼安慰喬迪才好，只是不斷的說：「對不起，惹得你這麼傷心，我們別再說這個話題了，好不好。」

喬迪搖搖頭，努力的平復自己的情緒，繼續說道：「女主人一面在家休養，一面等待捐贈肝臟的人，即使女主人的身體已經很差了，但是一樣對我非常照顧，把我當作是親生小孩一樣照料，直到上個月，女主人因爲得不到新的肝臟而去逝，我的主人爲此內疚不已，我也覺得如果不是我，女主人也不會操勞過度而去逝。後來主人想如果每個人類都有一個備用品就可以讓同樣的事情不再發生。因此主人才會想要複製人類。」喬迪說完，忍不住「嗚」的一聲哀嚎起來。

達克激動不已，眼淚不自覺從臉頰滑落，哽咽的安慰喬迪，說：「想不到你有這麼悲傷的過去，不要傷心。」這是達克第一次流眼淚，在魔法世界裡，達克從來沒有看過精靈流淚，自己也沒有流過眼淚。即使現在的精靈世界中，小瑪麗爲失去達克這麼傷心，也沒有流淚。因爲精靈是沒有眼淚的。

達克看著滴落在手上的眼淚，感覺到眼淚是如此溫暖，每滴眼淚就像每一句母親的叮嚀與呵護，從眼淚的反射中，達克看見了母親小瑪麗小時候對自己的疼愛與無微不至的照顧。這時達克才了解母親小瑪麗對自己的付出，而為當初錯怪母親自責不已。

從達克眼中滾落的淚珠，就像一顆顆掛在天空的星星，發出淡淡的光芒，飄盪在達克和喬迪的身旁，光芒溫柔而緩慢的向外散開，慢慢將達克和喬迪完全籠罩在光芒下。光芒中的達克和喬迪只覺得身旁的景物開始變得模糊不清。許久，當四週景像恢復清晰，達克和喬迪已經回到了半年前，光芒中的達克和喬迪乍見一個女人坐在椅子上，撫著一隻狼狗的頭，那隻狼狗長得和喬迪一模一樣。女人輕聲細語的說：「喬迪，如果有一天我走了，你要好好聽主人的話。」那隻狼狗搖搖尾巴，溫馴的依偎在女主人腳邊。

眼前的景象，已經讓達克忘了剛才的悲傷，問道：「那個美麗的女子就是你的女主人吧！」達克不明白，為什麼時光能夠倒流，也不知道自己為什麼擁有穿梭時空的本事。其實，精靈的眼淚，就像是一把鑰匙，能夠開啓通往一切未知事物的門。只要流淚時，腦中不斷想著一件事，那件事就能夠實現。

能夠再見到女主人，喬迪激動的無法說話，只是用力點點頭，不停的叫喚著女主人，只是女主人聽不見。

達克突然停止哭泣，眉開眼笑的說：「喬迪，別傷心了，我有辦法讓你的女主人重新

回到丈夫身旁。」

喬迪一副不敢置信的樣子，達克張開雙手，劃一個大圈圈，口唸咒語施展「轉置魔法」，從喬迪的女主人身上取出一個正常的肝細胞，再催動「無限魔法」，讓肝細胞開始急速的分裂生長，直到長成一個完整的肝臟。

喬迪看著這整個過程，直是目瞪口呆，一句話都說不出來，只見達克輕輕對著肝臟說道：「回到你該去的地方，好好的工作吧！」接著再次施展「轉置魔法」，將兩個肝臟對調，然後轉頭對喬迪說：「我們回去吧！去迎接你的女主人。」

喬迪高興的不能自己的手舞足蹈，久久不能平靜，當光芒逐漸褪去，喬迪和達克又回到了真實世界。

「喬迪，我回來了。」一個溫柔又熟悉的聲音在喬迪和達克的耳際響起，喬迪興奮的撲向前去，衝進女主人的懷抱，拚命的撒嬌。

「喬迪，你今天怎麼特別高興，好像幾十年不見似的。」女主人並不明白，而且也永遠不會明白，對喬迪來說，不是幾十年，而是差點就一輩子都不能再相見。這種恍如隔世的悸動，只有喬迪和達克能體會。

激動之餘，達克突然想起母親小瑪麗，又傷心的流下淚來，而小精靈們也同時出現，

達克對小精靈說：「小精靈，我好想回到母親身旁。」

# 第十四章

# 魔法世界的瘋狂

# 第十四章

經過了這段時間的旅行，達克已經變爲一個成熟的精靈，不再是從前那個思想不成熟，什麼都不會，把睡覺當作自己唯一優點的達克。不只在魔法，各方面的知識更是其他精靈所不及的，達克懂的越多，也越想念故鄉的一切，想念母親的溫柔，想念雷蒙的教誨，想念老師的開導，也想念貝亞的倩影。達克想見他們，又怕他們不想看見自己，在達克的印象中，自己總是沒辦法達到他們的要求，讓他們失望。

達克向小精靈表示想見母親小瑪麗時，小精靈面有難色，但仍然對達克的話不予回應，達克流著淚苦苦的哀求，小精靈不忍心看到達克如此傷心，開口說：「達克，先不要著急，很快你就可以回到原來的世界，見到你想見的人。」

達克喜出望外的說：「真的嗎？」達克高興的不只是很快就可以看見自己想見的人，也是因爲小精靈終於肯和自己說話。

達克打算乘勝追擊，打破砂鍋問到底，問道：「能不能告訴我，你們到底是誰，從那來的？」

小精靈彷佛知道達克會這麼問，笑著回答：「現在不能告訴你，等時機到了，你想不知道都不行。」

說完就再也不說話，不論達克如何哀求，如何威脅利誘，小精靈仍然守口如瓶，只是盡情的飛舞，這次達克很仔細的觀察這群小精靈，終於證實了從前的推論，小精靈真的越來越少，而且比上次少了一半，以前數目很多的時候並沒有那麼容易察覺，但是當數目變少，一點些微的變化就會變得非常的明顯。

小精靈逐漸散去，達克知道又到了旅途的下一站，當小精靈完全消失，達克開始尋找這一站的主角，心裡也不斷盤算著會遇到什麼樣的狀況，會學到什麼樣的事情。達克邊走邊想，突然有種熟悉的感覺湧上心頭，抬頭看看四週，這個細胞的構造和之前所遇到的完全不同，達克心想：「這裡該不會是魔法世界吧！」

不久，達克看見一個眉頭深鎖，悶悶不樂的DNA，正不知苦思著什麼事，達克走近他，很客氣的說：「請問……？」

DNA轉頭看見達克，驚訝的張大了眼，說道：「你不是魔法世界的精靈嗎？你怎麼會在這裡？」

達克也被DNA的問題嚇住，驚訝的說：「你怎麼會知道我是魔法世界的精靈？你到底是誰？」

ＤＮＡ上下打量著達克，過了一會，才緩慢的說：「你還年輕，難怪不知道我是誰，你想知道我是誰嗎？」

達克的好奇心到達了頂點，用力的點點頭，說道：「當然想。」

ＤＮＡ說：「我是黑暗精靈的長老，我叫比思克。」

達克訝異的說道：「黑暗精靈？！那這裡就是黑暗谷？」

「沒錯，這裡就是黑暗谷，也是精靈的禁地，你爲什麼會在這裡，這裡不是你們光之精靈該來的地方，除非……。」比思克沒有再繼續再說下去。

達克聳聳肩，說：「是一群小精靈帶我來的，我也不知道爲什麼我會來到這裡。」

比思克笑笑說道：「小精靈？黑暗谷一直都受到噬光獸的禁制魔法影響，除非通過噬光獸，否則任何生物都無法自由進出黑暗谷。唯一可以在黑暗谷中自由進出的精靈只有賽加，我想他們大概就是賽加吧！」

達克晃晃頭腦，問道：「賽加是誰？他很偉大嗎？」

比思克說：「賽加就是魔法導師。」

達克完全不相信，說：「不可能，魔法導師已經失蹤了一千多萬年，怎麼可能在這裡出現。」

比思克笑了笑，說：「其實魔法導師並沒有失蹤，他一直都在魔法世界，只是沒有精靈知道他在哪裡而已。」

達克反駁比思克的話，說：「不可能，精靈長老說魔法導師已經不在魔法世界，你有什麼證據說魔法導師還在魔法世界。」

比思克輕蔑的笑道：「那是精靈長老太年輕，一個毛頭小子，怎麼會知道魔法世界所發生的事情。」

達克有點生氣的說道：「長老是精靈中最年長的長輩，已經活了一萬二千年，你說我太年輕就算了，如果連長老都太年輕，難道你的年紀比長老更大？」

比思克輕描淡寫的說：「你們光之精靈的平均壽命大概是一萬年左右，但是我們黑暗精靈卻是永生不死的，一千多萬年以前，我和魔法導師還是朋友，那麼小朋友你說，精靈長老和我比起來是不是算年輕小伙子。」

達克簡直不敢相信黑暗精靈的話，一個永生不死可以和天地同壽的生命，那不是所有生命追求的終極目標。驚奇之餘，達克問道：「我剛才看你眉頭深鎖，好像有很多煩惱，

如果你是永生不死的生命，你又何必煩惱，又有什麼值得煩惱？」

比思克嘆了口氣，說道：「永生不死並不是與生俱來，這是花了許多代價才得到的結果，可是這個代價實在是太大了，只要我們的生命仍然存在，就得不斷的承受這個代價。」

「是什麼代價？」達克問道。

「永恆的暗無天日，你可知我們爲什麼叫作黑暗精靈。」達克搖搖頭，比思克接著說：「其實我們在千萬年前也是光之精靈。」

「你們是光之精靈？」達克拉高音量：「光之精靈不是必須生活在陽光之下，可是你們爲什麼只能躲在黑暗谷。」

比思克突然發現達克身上帶著一顆病毒，說：「你怎麼有這顆病毒？」

達克拿出身上攜帶的病毒，說：「你是說這個嗎？」比思克點點頭，達克說：「這是上次在人類世界……。」達克把自己如何進到巴布體內，如何遇到病毒攻擊和自己差點被病毒殺死的情形詳細說給比思克聽。

比思克閉上眼睛，說道：「小伙子，這個病毒是我製造的，我就告訴你整個魔法世界的歷史，你就能明白。」達克張大眼睛，直盯著比思克，比思克沈吟了一下，才接著說道：「大概在一千五百多萬年前，魔法世界中並沒有黑暗谷，那時只有一群光之精靈生活在魔法世界裡，那時的精靈靠狩獵及務農為生，也必須經歷生老病死。我和魔法導師賽加是當時精靈中的兩位長老，賽加擅長魔法，而我則專注在生命科學的研究。起初我只是做簡單的植物品種改良，希望可以增加食物的生產量，可是後來當我發現ＤＮＡ以後……。」

§　§　§　§

比思克又有新的發明，振奮的比思克邀請賽加到家裡來看看自己的新發明，賽加興沖沖的跑到比思克的家裡，看到比思克正埋頭做著研究，問道：「又找我來看你的新發明。」比思克眼睛正盯著儀器，頭也不回的說：「我在細胞裡發現一種東西，這種東西可以決定我們的外形、特徵、壽命，而且不只在我們的身上有，一切的生物，包括花草、樹木、小蟲也有，你看連古代生物的化石細胞裡也有，只是片片段段不太完全，我替這個東西取名為ＤＮＡ。」

賽加也為比思克的新發現感到高興，說：「真是了不起的發現，難怪精靈們都認為你

是最聰明的精靈。」

比思克較賽加年長一歲，他們一出生就有著與其他精靈不同的能力。賽加對魔法的領悟力極強，只要他看過的魔法，不需要學習就可以使用，所以很快就成爲精靈們尊敬的對象，並推舉他爲魔法世界的長老，除了現有精靈使用的魔法，他也喜歡創造新的魔法，但是他所創造的魔法通常都不具攻擊性，而是偏向保護性及回復性的魔法。因爲賽加很珍惜所有生命，也嘗試著要讓精靈和其他生物和平相處，只是當精靈仍然需要其他生物當食物的一天，他的理想就無法實現。

比思克則對生命科學研究極有興趣，對魔法完全不感興趣，因此比思克對魔法始終停留在小學的程度。他認爲一切萬物皆有其道理，生命的開始、生命的演進、生命的延續自有一定的循環，他相信總有一天，自己會解開這個奧秘。雖然比思克不擅魔法，但是卻發明了許多藥物來治療精靈的疾病，改良植物品種增加精靈的收成量，解決食物不足的問題，因此也贏得精靈們的尊敬，和賽加一樣，成爲精靈們的長老。

「我想這個新的發明一定會爲精靈帶來美好的未來。」比思克幻想著ＤＮＡ未來可能的發展而興奮不已。

賽加也同意的說：「相信你的這個發現一定能精靈們創造無限可能的美景，我也希望我能創造出能讓所有生物和平相處的魔法。」

比思克接著說：「其實這不是我要讓你看的發明，DNA我早已經發現，而且研究了好一陣子了，我這次找你來是要告訴你，我已經可以初步的把DNA在不同的細胞裡面相互交換。」

賽加不明白，DNA在不同細胞裡交換，有什麼作用。比克思的發明到底又是什麼東西，問道：「爲什麼要讓DNA在細胞裡交換？」

比克思興奮的說：「你有沒有想過，我們現在爲什麼會生病？根據我之前的研究，生病主要是因爲一些我們看不到的微生物，像是細菌或病毒之類。」比克思一面說著，一面從抽屜裡拿出一堆奇奇怪怪的畫像，一一展示給賽加看，繼續說：「你看這就是肝炎的病毒，天花的病毒，結核菌……」

賽加看著幾百種的細菌病毒，聽著這些細菌病毒可能引起的傷害，說：「你以前怎麼都不說，讓所有的精靈都不知道自己爲什麼會生病。」

比思克解釋，說：「因爲要向他們解釋眼睛看不到的東西很麻煩，而且他們也不見得

會相信，但是我根據每一種細菌、病毒的性質，做了許多藥物來治療他們也是事實吧！」

賽加微笑表示同意，說：「不錯，那麼現在又爲什麼要讓我知道呢？」

比克思難掩興奮之情，說：「以前只能在精靈被這些細菌病毒感染生病之後，才能用藥去治療。但是現在我已經發現預防被感染的方法了，而我今天找你來的目的，也是要告訴你，以後精靈世界都將不會因爲感染而生病。」

比思克拿出一顆蘋果，繼續說：「你看這顆蘋果，外表看起來和一般的蘋果沒有二樣，但是只要吃了這個蘋果，就可以不怕那些細菌和病毒。」

賽加覺得不可思議，說：「爲什麼吃了這個蘋果就可以不怕細菌病毒。」

「自從發現這些細菌病毒是造成疾病的原因以後，我除了針對他們的特性製造對付他們的藥物，更一直研究如何預防被他們感染，本來一直都沒什麼進展，直到我發現DNA之後，整個研究才有了重大的突破。」

「每個細菌病毒的外表都會有一些特殊的標記，就好像不同的精靈有不同的外貌一樣，這些標記可以當作抗原，讓體內免疫系統產生抗體來驅除入侵的細菌病毒，而我也一直都不明白，這些標記是怎麼來的，細菌病毒爲什麼會有這些標記，直到我發現了D

NA之後，我才知道，原來DNA裡有一部份用來指揮細菌病毒製造標記，當時我想，如果把這段DNA拿下來加在農作物的DNA中，不知道能不能產生相同的標記，事實證明我的推論是正確的，所以我開始把全部細菌病毒可以製造標記的DNA全拿出來，加到蘋果種子的DNA裡，果然如我所料想，這顆蘋果包含了所有細菌病毒的標記。」

賽加聽得如痴如醉，兩眼直盯著比思克，半信半疑，小聲問道：「有效嗎？」

比思克自信滿滿的說道：「我親自吃過了，而且也把我培養的病毒注射到體內作試驗，效果好的不得了。除了這個，我也已經把各種珍貴補品的DNA加到一般農作物的DNA裡，以後我們不但不用怕細菌病毒的感染，也可以每天吃到營養豐富的食物。」

「你真是最了不起的精靈，相信精靈的未來會因你而改變。」賽加握著比思克的手，激動的說著。賽加的話果然在不久的將來成真，所有精靈的未來都因為比思克而改變，只是這個改變卻是賽加始料未及的。

比思克雖然解決了細菌病毒感染的問題，然而他的成就感只維持了幾天，又開始了另一個煩惱。雖然精靈不再受細菌病毒的威脅，但是對細胞本身的病變及遺傳性疾病卻仍然奪去許多精靈的生命。一心為精靈健康而努力的比思克有了之前的經驗後，更是日

以繼夜不斷的研究。

這天，賽加正在森林裡練習新的魔法，比思克剛結束了新的研究工作，也到森林中散步，賽加看見比思克，向他招招手，喊道：「比思克，怎麼沒有在研究室裡，跑到森林來散步，很不尋常喔。最近有什麼新的發明嗎？」

比思克想了一下，說：「最近我在ＤＮＡ的治療上有了重大的突破。」

賽加說：「不愧是比思克，一直都有新的創造與發明，不像我連個生命魔法都研究不出來」

「沒有的事，總有一天你也會有所突破的。」比思克客氣的說。

「對了，你的新發明是什麼，怎麼沒讓我知道？」

比思克伸伸懶腰，說：「我也是剛剛才完成整個研究，所以想出來散個步，沒想到就在這裡遇見你。」

「真是巧，可能是命中註定你的所有研究都一定要讓我先知道才行」賽加笑著說：「對了，你研究的是什麼。」

比思克說：「我研究的是關於使用ＤＮＡ來治療疾病。」

賽加說：「DNA也能治療疾病，這可就神奇了，要怎麼治療呢？」
比思克說：「還記得前一陣子，我曾告訴過你，有關於細菌病毒標記的事情嗎？」
賽加點點頭，說：「當然記得，這麼偉大的發現怎麼可能忘記。」
比思克說：「你知道『抖抖症』嗎，就是手會不由自主的顫抖，會變得痴呆的毛病。」
賽加點點頭，比思克繼續說：「我後來發現原來『抖抖症』是因爲腦部缺乏一種叫多巴胺的東西，我把製造多巴胺的DNA直接放到腦部的其他細胞裡面，做一個假的器官，效果出奇的好。不只這些，我已經做了幾十種疾病的研究，只要全部做完，就可以讓精靈們永遠都沒有疾病的困擾。」

賽加聽完不但讚賞比思克的聰明才智，更對他完全無私的奉獻欽佩不已。賽加把比思克的研究成果帶給了所有的精靈，從此精靈們不再有生病的問題，而比思克在精靈中的地位也因此超越了賽加，精靈們對比思克所說的一切更是言聽計從。精靈爲了感謝比思克所做的一切，特別在魔法世界中風景最美的亞西斯山的山腳下爲比思克建了一座極大的城堡，城堡內有相當多的場地及設備可供比思克研究，另外還有許多精靈自願來到這個城堡，供比思克差遣使喚，有史以來最偉大的精靈比思克終於誕生了。

自從比思克開始研究ＤＮＡ的改造，一些比較難栽種或產量比較低的農產品，不再有人栽種，很快就出現了絕種的危機，魔法世界更開始出現一些不知名的怪獸。ＤＮＡ的改造正將魔法世界推向懸崖，只要一失足，就會跌得粉身碎骨。

西恩和加爾都是賽加得意的學生，西恩的力量在整個魔法世界裡僅次於賽加，但他最大的缺點就是思慮不夠周全，有時會意氣用事，即使賽加不斷的提醒他，西恩就是改不了衝動的個性。加爾雖然沒有西恩的力量，但卻比西恩要聰明冷靜得多，行動之前都會先作詳細的規劃，不會貿然行動。

西恩看到魔法世界所發生的情況，心中充滿了憂慮，急急的前往賽加的住處，賽加見西恩憂心忡忡的樣子，問道：「西恩，看你煩惱的樣子，有什麼解決不了的事嗎？」

西恩音調高昂，激動的說著：「賽加老師，難道你沒有看到魔法世界的變化嗎？我擔心再這樣下去整個世界會走向滅亡。」

賽加皺頭深鎖，默然不語，似乎在思考著什麼事情。西恩見到賽加這種冷漠的反應，繼續提高音調的說：「難道你都沒有感覺嗎？現在整個魔法世界的精靈都把比思克尊爲大神，別的精靈或許被比思克蒙在鼓裡，但我知道比思克正在進行一個毀滅魔法世界的陰謀。」

賽加拍拍西恩的肩，說：「我想比思克不是這種精靈，他把全部的精力用在改善精靈的生活，又怎麼會將魔法世界推向滅亡。」賽加口中這麼說，但心中卻早己察覺魔法世界的改變，只是礙於西恩衝動的個性，不方便將事情告訴西恩，以免西恩衝動的釀成大禍。

西恩不同意賽加的回答，反駁說：「你為什麼那麼相信比思克，即使你們是從小到大的朋友，也不該這麼袒護比思克，對比思克的所作所為視而不見，真是枉費我那麼尊敬你。」西恩越說越激動，言語間也失去了對賽加的尊敬。

賽加安撫西恩激動的情緒，說：「西恩，你先不要激動，我會去找比思克談談，看看情形是不是像你說的那樣，總不能隨意的把罪名加在別人身上吧！」

西恩雖然不滿意賽加的答案，但也無可奈何，只得黯然離去。西恩離開之後，賽加立即來到比思克的城堡，比思克見到賽加，開心的擁抱著賽加，說道：「賽加，你又來看我了，我們也好一段時間沒見了。對了，最近我又有新的發現，你要看看嗎？」

賽加表情嚴肅，沈默的對待比思克的熱情，比思克也發現賽加的異狀，問道：「賽加，

你今天看起來怪怪的，有什麼事嗎？」

賽加看著比思克滿臉關心的表情，心下一軟，說：「也沒什麼事，只是最近魔法世界好像出現了一些和你的研究有關的問題。」

比思克狐疑的看著賽加，問道：「是什麼問題？」

賽加猶豫了一下，也不知道該不該說，最後還是下定決心，說：「你的DNA改造好像改變了魔法世界的生態，我擔心這種情形如果繼續下去，恐怕會讓整個魔法世界滅亡。」

比思克在心中暗自盤算了一會，拍拍胸脯說道：「放心好了，不會有問題的，不過我還是會注意一下，免得讓你擔心。」

賽加點點頭，笑著說：「這樣我就放心了，希望你能本著造福精靈的初衷做事情。」

比思克拉著賽加的手，笑著說：「那當然，我們是從小到大的朋友，你應該相信我才對啊！而且我也從沒做過危害精靈的事，對不對？」

賽加緊握著比思克的手，說：「我一直都相信你。」賽加和比思克這對數千年的朋友，一個是在魔法有超凡的表現，一個是在生命科學有傑出的成就，自然惺惺相惜。再加上賽加的本性純良，因此對比思克始終堅信不移，即使現在的魔法世界出現了這麼大的改變，賽加也相信那不是比思克造成的。

比思克雖然同樣很珍惜和賽加的友誼，但權力對比思克誘惑卻超越了他們之間的友情，成爲造物者的野心，更讓比思克學會了不擇手段除去障礙。

賽加離開城堡後，比思克找來布魯克和萊斯，暗示的說：「我不希望有任何精靈阻礙我的計劃，你們知道該怎麼做吧！」布魯克和萊斯互看了一眼，點頭回應。比思克滿意的點點頭，逕自回到研究室裡。

布魯克和萊斯是兩個極聰明的精靈，不但有強大的力量，更工於心計。他們也是賽加的學生，卻自願爲比思克效力。因爲他們認爲賽加的個性太過溫和，更沒有什麼野心，跟著他不會有太大的成就，於是轉而投向比思克，以謀取更大的權力。

布魯克和萊斯開始利用較無知的精靈散播謠言，說賽加長老不滿比思克長老的地位高於賽加長老。這個謠言在萊斯和布魯克的催化下，很快地就傳遍了魔法世界。魔法世界本來就是個單純的世界，謠言對天真的精靈來說，是不存在的，因此許多精靈對聽到的事都深信不疑。相信這件事的精靈認爲比思克長老的功勞比賽加長老更大，地位高於賽加長老本來就是很正常的，所以覺得賽加長老的不滿實在是太過份了。但也有部份精

靈不相信賽加長老會有不滿的言行，認爲這件事一定是比思克長老用來打擊賽加長老的技倆，於是兩方的支持群逐漸在魔法世界形成對立的局面。

加爾意識到事情的嚴重性，來到賽加的住處，看見西恩已經在賽加的屋裡，對西恩招招手，說：「西恩，你也來了，想必是聽說賽加長老不滿比思克長老的事吧！」

賽加搖搖頭，解釋說：「我並沒有這麼表示過，也不知道這個謠言是從哪來的？」

加爾坐了下來，仔細的分析，說：「這一定是比思克的陰謀，他想要打擊賽加長老在精靈心目中的地位。」

西恩點點頭，說：「其實賽加長老也該這麼表示，比思克的所作所爲會把魔法世界帶到什麼樣的地步，相信你我都知道，只有賽加長老才能阻止這場浩劫。」

賽加堅信比思克不是這種會挑撥是非的精靈，說：「我相信比思克不會做這種事，或許只是誤會一場，過一陣子，誤會解釋清楚就沒事了。」不論加爾怎麼說，賽加依然對比思克深信不移，認爲比思克是不會做這種事的。

西恩和加爾一同離開賽加的住處，加爾對西恩說：「我今天晚上想偷偷到比思克的城堡裡面，看他究竟在做些什麼。順便看看能查出什麼事情。」

西恩對加爾的意見非常讚同，知己知彼、百戰百勝，不論未來是否會針鋒相對，先摸清楚對方的底細總是比較有利的。西恩輕聲問道：「城內的戒備那麼森嚴，你要怎麼進去？」

加爾從口袋中拿出一個裝滿黃色粉末的小瓶子，在西恩的眼前晃了一下，得意的說：「這是我從賽加長老那裡拿來的隱身粉，可以讓我在無聲無息的狀況下進到城堡裡。」

西恩摸摸頭，兩眼直盯著那個小瓶子，好奇的說：「賽加長老有這麼好用的東西，我怎麼都不知道。」

加爾得意的笑了笑，將瓶子收回口袋，說：「這是幾年前，我和賽加長老一起研究出來的，賽加長老怕隱身粉被有心的精靈利用，所以一直都沒拿出來，我也是那時自己保留下來，以備不時之需，想不到現在竟然用得到。」

西恩點點頭，說：「好，那我要做些什麼？」西恩已經開始摩拳擦掌，準備好好一展身手。誰知道加爾反潑西恩一盆冷水，說：「你什麼都不用做，等我回來後，我們再做打算。」西恩雖然心有不甘，但也只能垂頭喪氣的答應。

說完他們便各自返回住所，準備晚上的行動。卻萬萬沒想到，他們的所有行爲早已

經被萊斯所監控。一隻小而不起眼的蝠蜂匆匆飛回比思克的城堡，停在萊斯手中，萊斯帶著這隻蝠蜂去見比思克，比思克將蝠蜂放到銀光球裡，銀光球逐漸顯現西恩和加爾的形象，連他們談話的內容都聽得清清楚楚。

當比思克掌握了極大的權力之後，就一直煩惱如何鞏固自己的權力，工於心計的萊斯提出監控所有精靈的建議，比思克雖然猶豫了很久，還是決定採用萊斯的意見。比思克收集了大量魔法世界常見的飛蟲——蝠蜂，在蝠蜂的腦內放進一片由比思克和萊斯共同發明的魔法微晶片，利用這種不起眼的蝠蜂來監控所有的精靈，並使用銀光球來顯示蝠蜂腦內魔法微晶片所記錄的一切。

比思克知道了加爾的計劃後，得意的笑了笑，對萊斯說：「你有什麼看法？」言語之中，似乎在考驗著萊斯的智慧。

聰明的萊斯當然知道比思克心中所想的事情，自信的說：「我們可以將計就計，把精靈對賽加的信任完全摧毀。」萊斯一面說，一面打量著比思克的表情，怕自己的話得不到比思克的認同。

比思克滿意的點點頭，萊斯才鬆了一口氣，說：「那我立刻去辦，你就等我的好消息。」

萊斯說完，向比思克恭敬的行禮後才迅速離開。

萊斯走到布魯克的房間，見到布魯克，帶著微笑說：「徹底毀掉賽加的時機到了，你還在這裡悠閒的休息。」

布魯克從床上坐了起來，好奇的問道：「是什麼時機？」萊斯把剛才知道的消息詳細的轉述給布魯克聽，布魯克聽完，似乎沒什麼太大的啓發，搖搖頭，說：「加爾要來探我們的底，這算什麼好時機？」

萊斯自己拉了張椅子坐下來，指著布魯克的頭，說：「多用用大腦吧！布魯克。難怪比思克總是叫你多和我學習。」數落完布魯克之後，萊斯才繼續說：「我們以比思克的名義，先把具有份量的精靈全邀請到城裡。等到加爾到達之後……」

布魯克聽得直點頭，不斷稱讚萊斯的頭腦。雖然精靈們一直認爲布魯克和萊斯有著同等的智慧，布魯克也認爲自己的聰明才智足以和萊斯匹敵，但聽完萊斯的計劃後，布魯克也不得不承認，萊斯的智慧確是勝過自己。

萊斯和布魯克秘密的安排好一切之後，就等著加爾踏進陷阱了。

入夜之後，加爾便依計劃來到城堡外，看城內的守衛精靈爲了迎接來自各地具有身

份地位的精靈們，正忙得不可開交。心中正得意，似乎幸運之神眷顧著自己，卻沒注意到自己週圍的蝠蜂，正嚴密的監視自己的一舉一動。

加爾使用隱身粉將自己隱形，閃進城內。加爾爲了不讓其他精靈發現，放棄使用魔法。來到大廳外，只聽得比思克和一群精靈正在裡面聚會。心想：「這是個千載難逢的好機會。」繞過內庭，直接走向比思克的研究室。

萊斯見時機成熟，一副若無其事的走進大廳，在比思克的耳邊說了句悄悄話。比思克便站起身，一臉歉意的對著所有精靈說道：「各位，真對不起，我的研究室有一點狀況，必須先過去處理一下，你們先聊聊，我很快就回來。」

眾精靈也一併起身，送比思克離開大廳，然後才紛紛坐下，繼續享用眼前的大餐。不久，從內室傳來一陣撞擊聲及比思克的慘叫聲。眾精靈大吃一驚，紛紛沿著聲音來到比思克的面前，只見萊斯抱著受傷的比思克，叫道：「是加爾的『火靈魔法』。」眾精靈看著比思克被燒焦的傷痕，心中也有些懷疑，「火靈魔法」雖然是加爾最擅長的魔法，但會的精靈也不在少數。何況現場又看不到加爾的影子，所以比思克即使被「火靈魔法」打傷，也不見得是加爾下的手。

萊斯看出眾精靈的疑慮，神情更加悲痛，說：「加爾隱形後打傷比思克，就不知去向了。」眾精靈看著萊斯哀痛的情形，又增加了一些同情的信任。只是隱形這件事，精靈是前所未聞，若沒有親眼看到，許多精靈仍然不會相信。

加爾目睹萊斯使用自己最擅長的「火靈魔法」打傷比思克，又在這些精靈面前演這戲碼，知道自己踩進了萊斯的陷阱，心中暗自著急，又看到這麼多精靈在場議論紛紛，一時亂了頭緒，慌忙向外逃去。耳尖的精靈聽到急促的腳步聲，紛紛循著腳步聲，向加爾的方向追來。此時所有的精靈都完全相信了萊斯的話。即然看不到加爾，幾個魔法較強的精靈便合力佈了一個強力的天網結界。這種結界是精靈狩獵時，用來捕捉獵物的結界，單獨由一個精靈施展已經可以牢牢困住大型的野獸，這個由數個精靈合力施展的結界，頓時讓加爾動彈不得。眾精靈一一圍到這個結界旁，看著結界裡隱形的加爾。

加爾看著結界外，一雙雙盯著自己的眼睛，雖然知道他們看不見自己，但心中依然焦急又後悔。加爾始終不明白，萊斯爲何能事先設下這個陷阱。無計可施的加爾只能閉上眼靜待命運的擺佈。

就在加爾心灰意冷的時候，一股力量將結界打破，機警的加爾順勢使用「飛行魔法」，

逃離了比思克的城堡。正當眾精靈要追上去，布魯克慌忙的跑到眾精靈面前，一臉哀傷的說：「比思克長老傷得很重，請你們救救他吧！」眾精靈放棄追捕加爾，轉而進到比思克的房間，合力使用「回復魔法」，治療比思克的傷勢。

直到比思克的傷已經脫離險境之後，精靈們決定找賽加理論，要賽加說個道理出來。當精靈們離開城堡，臥房內只留下萊斯、布魯克以及昏迷的比思克。

突然間，臥房的密道打開，比思克完整無缺的從密道中走出，笑了笑，說：「做得好，萊斯。果然沒有辜負我對你的期望。」比思克不是昏迷在床上嗎？怎麼會毫髮無傷的從密道走出來。原來昏迷不醒的比思克是個沒有思想的複製精靈，當比思克離開大廳後，就迅速藏身到密道內，布魯克則將預先複製完成的比思克帶到內庭，萊斯從大廳回到內庭後，先製造撞擊聲引起大廳內精靈的注意，再使用加爾的「火靈魔法」攻擊複製的比思克，複製的比思克雖然沒有思想，受到攻擊也會發出慘叫聲。加爾雖然目睹一切，卻始終不知道是怎麼一回事，直到所有精靈聚集到內庭，萊斯演了一齣感人的戲碼之後，加爾才對一切恍然大悟，但爲時已晚，不論跳到什麼河都洗不清了。

加爾自知闖了大禍，毫無頭緒的飛著。西恩從後趕來，追上加爾，急急的問道：「事情怎麼會變成這樣，如果不是我不放心的跟來，恐怕你早已經被他們捉走了。」

加爾和西恩飛入森林裡，加爾把剛才所見到的事，完完全全說給了西恩聽，聽得西恩直跳腳。加爾靜下心來，仔細的回想剛才發生的一切，似有所得，憂心的對西恩說道：「今次我闖了大禍，他們一定是要把這次的事件，嫁禍給賽加長老。說是賽加長老不滿比思克長老，所以派我去暗算比思克長老。」

西恩聽得加爾這麼說，心急如焚的說道：「要不要先找賽加長老商量？」

加爾點點頭，小心翼翼的貼近西恩的耳旁，說：「我懷疑有東西在監視我們，不然萊斯不會知道我們的計劃，而設這個陷阱讓我們自投羅網。」

加爾和西恩來到賽加居所附近，聽到吵雜的聲音，擾嚷不休。他們不敢驚動任何精靈，躡手躡腳的接近，伏在岩石後觀察。只見一大群精靈圍著賽加長老，而賽加長老則不斷的安撫著精靈們的情緒。但也有少數幾個精靈幫著賽加長老解圍，雙方你一句我一句的爭論不休。

最後賽加長老一臉沈重，說：「希望各位相信我，我一定會把事情查清楚，給所有精靈一個交待，如果到時各位仍不滿意，我會自動除去長老的職務。」

聽到賽加這樣的保證，精靈雖然仍不滿意，但已可接受，一一散去。賽加和十幾個支持賽加的精靈一同進到屋內。加爾和西恩看到所有精靈都走了，才飛快的閃進賽加屋裡。賽加一看到加爾和西恩，嘆了口氣，說：「加爾，你這次可闖了大禍，做事之前爲什麼不先找我商量。」

加爾後悔不已，低著頭沈默不語。西恩挺身說道：「這件事不是加爾的錯……。」西恩一口氣將事情的來龍去脈交待淸楚。

賽加聽完後，閉上眼沈思。一旁十幾個精靈卻個個義憤塡膺，起鬨著要找比思克理論。一會，賽加緩緩張開眼睛，心情平靜的說：「加爾，你不用難過，你也是爲我著想。只是不小心掉進萊斯的陷井。我真的很難想像，比思克會這樣對我。唉！」賽加說完，只是不住的嘆氣。

加爾走到賽加面前跪了下來，一臉歉疚，說：「對不起！我不該擅自行動，讓長老蒙受不白之冤。」

賽加扶起加爾，拍拍加爾的肩，安慰說：「不管是不是因爲你，只要他存心設計我，他就會找任何可能的機會，你只是不小心被利用而已，不用放在心上，明天我就去找比思克理論。」

賽加也感到事情的嚴重性，天一亮，急急忙忙帶著幾個學生至比思克的住處。賽加一行精靈來到比思克的城堡外，被萊斯和布魯克拒在門外，賽加說：「我有很重要的事，必須和比思克商量，請你們進去通報一聲。」

萊斯一副趾高氣昂的神情，輕蔑的說道：「比思克長老吩咐，暫時不見任何精靈，不過我可以代賽加長老轉告比思克長老，如果比思克長老要見你的話，我會再通知賽加長老。」

賽加的學生西恩走向前，怒氣沖沖的對著萊斯說：「你們是以什麼身份和賽加長老說話的，竟然這麼目無尊長。現在我們一定要進去見比思克長老，如果你們一定要阻攔我們，我們也只有硬闖了。」西恩說著，一把推開萊斯。

萊斯向後退了兩步，跌坐在地上。布魯克見狀急拉警報，片刻間，門口已經聚滿了精靈，個個蓄勢待發，神情嚴肅的看著賽加。

西恩也不甘示弱，驅動魔法準備和其他的學生一起硬闖大門。賽加攔住西恩，說：「算了，沒有必要起衝突，我們下次再來好了。」說完就帶著所有的學生離開比思克的城堡。

一路上西恩不斷質問賽加，爲何不硬闖，以賽加的力量，一定可以見到比思克。賽加只是搖搖頭，沒有多說什麼。

賽加心裡明白，魔法世界幾乎已經快要變成比思克的天下了，事情演變到這種地步，賽加怎麼可能還會讓衝突發生，一旦發生衝突，會有什麼樣的後果，連賽加自己都不敢想像。

隔天，西恩召集了所有支持賽加的精靈，瞞著賽加前往比思克的城堡。加爾強烈阻止，說：「西恩，你這樣做會造成不可收拾的後果。如果你執意要去，我會請賽加長老來阻止你。」

怒氣沖天的西恩早已經失去理智，叫道：「就算賽加長老來也阻止不了我，你要去通知賽加長老就儘管去好了。」

加爾知道西恩已經聽不下任何勸告，也只有賽加長老才能阻止西恩做傻事，正想離開前往賽加的住處。西恩已經先一步，使用「冰封魔法」，將毫無準備的加爾封印住，就帶著精靈們往比思克的城堡出發。

被封印的加爾心急如焚，不斷的加強力量，想要突破封印，但越是心急就無法衝破封印，加爾慢慢靜下心來，將全身的力量集中在胸口，瞬間將力量爆發，終於一舉突破西恩的封印。加爾施展「飛行魔法」全速飛向賽加住處，希望能夠來得及阻止這場悲劇發生。

西恩氣沖沖的來到城堡，與萊斯一言不合便發生了衝突，即使西恩的力量在魔法世界僅次於賽加，但萊斯卻只在後面指揮著精靈們，一波波的向西恩和支持賽加的十幾個精靈發動攻擊，一場驚天動地的戰鬥就在比思克的城堡內持續著，當西恩看見和自己一同前來的精靈一一倒下，心中漸漸後悔，爲什麼要這麼衝動，但情勢已經是騎虎難下，西恩也只能戰鬥到最後。萊斯站在後面，欣賞著自己的傑作，心中相當滿意，心想這麼一來，賽加再也無法在魔法世界立足。經過數個小時的戰鬥，場中只剩下西恩單獨和萊斯手下的數百個精靈苦苦戰鬥，萊斯看著西恩勇猛的模樣，也不禁對西恩燃起欽佩之心。

賽加得到加爾的通知後，立即施展「飛行魔法」，疾電般飛向比思克的城堡。城中的戰鬥仍持續著，布魯克由內庭走到萊斯身旁，說：「萊斯，別再玩了，比思克長老說賽加已經在路上，爲了避免夜長夢多，儘快結束吧！」

萊斯點點頭，雙手在胸前交叉，集中精神，看準西恩稍微鬆懈的零點幾秒，施展「土

爪魔法」，土爪從西恩站立的地面下竄出，以迅雷不及掩耳的速度衝向西恩，西恩冷不防土爪從地底竄出，被擊中胸口，西恩被擊中後彈至空中數十丈後，重重的摔回地面。

萊斯一擊得手，心中得意不已，召來夏克，吩咐道：「賽加轉眼就到，我和布魯克不方便和他碰面，剩下的就交給你了。」交待完後，就和布魯克一同走到內庭。

布魯克好奇的問道：「萊斯，爲什麼你不敢和賽加碰頭？」

萊斯故作神秘的笑了笑，拍拍布魯克的肩膀，說：「賽加必定知道這一切都是出於我我計謀，以賽加的個性，如果看到我，必定不計代價取我的性命。但是如果由其他的精靈出面，他一定不會加以爲難，也不會硬闖造成更大的衝突。」

布魯克對萊斯的見解，佩服的五體投地，奉承的說：「以萊斯大人的聰明才智，他日一定可以……」

萊斯阻止布魯克繼續說下去，斥責布魯克，說：「別胡說，我們是比思克長老的忠僕，怎麼可以有異心。」萊斯嘴裡這麼說，心中卻一直回味著布魯克剛才的話。

賽加趕到比思克的城堡時，只見到遍地都是戰死的精靈，西恩則奄奄一息的躺在城堡的廣場中央。賽加跑到西恩身旁，扶起西恩，痛心的說道：「我就是不想看到這種情形，才會禁止你們硬闖，唉！你們為什麼不肯聽我的話。」

西恩也知道自己一時的衝動闖了大禍，懊悔的說：「長老，對不起，我只是不想看到魔法世界毀在比思克手上……」西恩勉強的說完後，就永遠閉上眼睛了。

賽加抱著西恩的屍體，心緒雜亂，腦中完全無法思考任何事情。數百名精靈圍了上來，為首的精靈夏克說：「賽加長老，你為什麼要讓你的學生硬闖比思克長老的城堡，造成這次的衝突事件，是不是你嫉妒比思克長老的成就，想要來破壞這一切。」

賽加已經難過得說不出話，也知道再也沒有精靈聽得下自己的話，沈默的伸出右手，施展魔法將所有精靈屍體縮小，集中在光球裡。

數百個精靈看到賽加施展魔法，不禁向後退了一步，夏克見賽加並沒有攻擊的意思，放膽說道：「賽加，你走吧！魔法世界再也不歡迎你。」賽加黯然的帶著裝滿精靈屍體的光球，緩緩的步出城外，往沒有精靈居住的深山走去。賽加無語的走著，無法言喻的哀痛，不斷的撕裂著賽加的心。

加爾也失去了立足之所，被精靈們放逐到極之地，那是一個日夜溫差超過兩百度的地獄，加爾被放逐到極北之地後，日夜為魔法世界憂心，最後鬱鬱而終。

賽加離開之後，再也沒有力量可以制衡比思克，比思克所掌握的權力更到達了頂點，開始肆無忌憚的在魔法世界中爲所欲爲，雖然比思克對賽加仍有一絲的內疚，但這種情緒很快就被權力所帶來的榮耀淹沒。

§ § § §

比思克說到這裡，感嘆地對達克說：「權力會使心靈迷失，當我掌握了一切，我的野心就越來越大，而且對一切都覺得不滿足。」

比思克所說的一切都深深的撼動著達克，達克彷彿能感受到一千多萬年前賽加長老那種傷心欲絕的心情，只能親眼看著魔法世界一步步走向滅亡，一點辦法也沒有，說道：「那後來呢？賽加長老怎麼了？」

比思克說道：「賽加其實並沒有對魔法世界絕望，他看著魔法世界的轉變，認爲不久的將來一定會發生變故，因此才躲到沒有精靈的地方，專心研究生命魔法，試圖挽救魔法世界不可預知的災難。」

達克又追問，說：「魔法世界究竟發生了什麼事？」

比思克說道：「我在城堡裡，不斷的研究DNA，我開始收集一切生物的DNA，分析所有生物的DNA，就像是著了魔似的，對DNA的了解越多，就越想去改變他們。」

達克不解，問道：「爲什麼要改變DNA？」

比思克說：「自從有了權利之後，我又開始想像，如果我要像造物者一樣創造生命，就必須改變生命模式，而改變DNA是唯一的方法。」

達克說：「還是使用從前的方法嗎？」

「不錯，但我不再只是轉移一小段DNA，而是把控制生物特徵的整段DNA全部轉移。甚至混合包括精靈在內多種生物的DNA。」

「你成功了嗎？」達克明知故問，若當時沒有成功，魔法世界也不會發生那麼多災禍。

比思克似乎回憶起當時那種至高無上的權利，臉上出現了趾高氣昂的神情，說道：「要讓來自不同個體的兩種DNA同時表現生物的特徵，實在是很不容易的事情，經過不斷的失敗，犧牲了無數的生命，我成功的把不同的動物混合在一起，達克，你一定無法體會，當第一隻長著翅膀的雪斑鹿出現，我心中是何等的興奮，看著我親自創造的新型態

的生物，我彷彿已成爲天地之間的主宰，任何生物的生命都可以歸我掌握。」

達克看著比思克眼神露出銳利的光芒，但光芒很快就消失，使比思克的兩眼看來空洞無神，像個蒼老無助的老精靈。說：「比思克長老，你沒事吧」

比思克回過神，搖搖頭，說：「沒事，只是想到從前，有點感嘆。」

達克追問：「後來呢，發生了什麼事？」

比思克雙手不斷的顫抖著，勉強的說：「我和萊斯創造了許多的混合的生物，並使用魔法微晶片控制著混合生物。後來，萊斯不斷的慫恿我研究古代魔獸，和萊斯共同研究古代魔獸，答應研究古代魔獸，也是我錯誤的開始。」

達克好奇的問：「古代魔獸？到底是什麼魔獸，我怎麼沒看過？」

比思克說：「你當然沒看過，那隻魔獸現在還在黑暗谷，就是噬光獸，想到這隻魔獸，我還忍不住會發抖。」比思克深深吸了一口氣，說：「剛發現噬光獸的ＤＮＡ時，只是一段段不完整的ＤＮＡ，我和萊斯把噬光獸所有的ＤＮＡ順序慢慢拼出來，然後一個一個接上，把不完整的ＤＮＡ變成一個完整的ＤＮＡ，然後拿我自己的細胞，去掉ＤＮＡ之後，直接把噬光獸的ＤＮＡ加到我的細胞裡面，然後萊斯找了五十個精靈使用魔法做出一個生物培養球來讓噬光獸生長。說真的，萊斯的聰明才智真的讓我佩服，許多研究上的瓶頸都是萊斯想辦法幫我克服的。」

達克聽到這裡，直是不敢相信，怎會如此瘋狂，製造這種怪物，說：「難道精靈們都沒有阻止你們？」

比思克搖搖頭，說：「那時的我就像神一樣，還有萊斯這麼聰明的精靈輔佐，怎麼會有精靈敢跟我作對，他們認爲我做的都是對的，怎麼會阻止我，而且他們並不知道我正在製造一個足以毀滅世界的怪物。」嘆了一口氣，比思克繼續說：「爲了控制這隻魔獸，我在魔獸剛成形時，在他的腦部加進了一個魔法晶片。」

達克問：「什麼是魔法晶片，爲什麼要加這個魔法晶片？」

比思克說：「魔法晶片就像當初加在蝙蜂腦內的魔法微晶片，只是功能更強大。裡面有噬光獸所有DNA及生理的一切資料，我把魔法晶片連接到噬光獸的中樞神經細胞，並在魔法晶片上裝一個控制器，這個控制器可以經由遙控，掌控噬光獸的一切生理及精神狀況。」

達克凝神的聽著，比思克說：「當噬光獸長大以後，因爲受魔法晶片的控制，所以剛

開始時相當溫和。可是我一時的疏失卻導致一個無可挽救的結果。」

比思克嘆了口氣，說：「都怪我沒發現萊斯的野心，還那麼信任萊斯。每當進行ＤＮＡ改造的時候，我都會使用病毒做爲載體來運送ＤＮＡ，沒想到野心勃勃的萊斯把用來運送噬光獸ＤＮＡ的病毒和一部分噬光獸的ＤＮＡ融合爲一，更進一步讓病毒進化成具有智慧的封印獸，萊斯則利用自己私自發展的魔法微控制粒來控制封印獸，想利用封印獸將噬光獸據爲己有。你手上的病毒就是當時的封印獸。封印獸具有很高的智慧，可以隨著空氣到處傳染，而且變化多端，也會對不同的生命造成不同的傷害。萊斯沒有想到，封印獸憑著自己的智慧，很快就擺脫了萊斯的控制，封印獸替所有的混合生物解開了魔法微晶片的控制，更入侵到噬光獸體內，把魔法晶片破壞，讓噬光獸恢復了兇殘的本性。最後封印獸也入侵到大部分的精靈體內，把我們體內可以抵抗光線的ＤＮＡ破壞，從此，我們就成了永不見天日的精靈。」

達克聽得混身發抖，說：「那後來呢？萊斯又怎麼了？」

比思克感嘆的說：「叛徒始終都沒有好下場，萊斯想要控制噬光獸，卻反而成爲第一個噬光獸利齒下的犧牲品。噬光獸吃了很多精靈，被封印獸感染的精靈從此長生不死，

ＤＮＡ裡永遠附著封印獸，永遠擺脫不了封印獸的糾纏。」

達克抓住比思克的手，緊張的說：「那後來呢？」

比思克閉上眼睛，雙手微微的顫抖，語重心長的說：「當時的魔法世界就像地獄一樣，各種兇殘的混合生物橫行，殘害精靈的生命。被陽光燒死，被怪獸吃掉的精靈不計其數。賽加看見魔法世界這種如同地獄般的情形，淚流滿面，傷心的自責不已，試圖使用剛完成的『生命魔法』來挽救魔法世界，但賽加對生命的奧秘並不熟悉，因此賽加的『生命魔法』並沒有辦法消滅這兩隻魔獸。於是賽加使用魔法創造一個黑暗谷，再用所有的力量建立魔法結界，把噬光獸、封印獸及混合生物永遠關在黑暗谷中，而我們這些受到封印獸感染的精靈，也只能躲進黑暗谷，每天過著逃避噬光獸的生活。賽加完成魔法結界，也從我這裡得到靈感，讓生物們可以用ＤＮＡ的語言溝通，在所有生物體內加入植物葉綠素的ＤＮＡ，使所有生物都可以使用光能源，實現了讓生物們和平相處的願望。但也耗盡了所有力量，融進了魔法結界裡。為了使未來的精靈們能夠完全消滅這些魔獸，賽加把自己的心做成靈珠，因為要真正完成『生命魔法』必須透過『微縮魔法』去感受真正的生命形態。這顆靈珠就是賽加為了讓以後的精靈使用『微縮魔法』而準備，用來作

爲『微縮魔法』的原動力。精靈們也知道是自己錯怪了賽加長老，爲了紀念消失的賽加長老，於是尊稱爲賽加長老爲魔法導師」

達克恍然大悟，說：「那麼雷蒙所完成的『微縮魔法』其實是賽加長老在一千五百萬年前所準備的，那靈珠在那裡呢？」

比思克搖搖頭，說：「你在這裡，表示靈珠己經消失了，靈珠本來就是賽加爲了推動『微縮魔法』而準備，一旦『微縮魔法』啓動，靈珠自然就消失了。」

達克說：「那你知道要如何解除『微縮魔法』嗎？」

比思克說：「其實『微縮魔法』是無解的，一旦啓動，就一定要完成『生命魔法』才能自動解除。」

達克問：「對了，我突然想到，你說這顆病毒就是封印獸，爲什麼封印獸會跑到人類的世界？」

比思克說：「當初賽加在魔法世界佈下的魔法結界，一旦受到『微縮魔法』開啓的影響，結界力量會被分散到『微縮魔法』上，魔法世界、人類世界和黑暗谷之間的結界就會減弱，病毒可能就是利用結界變弱的時候，跑到人類的世界去的。」

達克和比思克談話間，小精靈慢慢由遠飛近，達克說：「我想我該走了。」當小精靈飛到達克身旁，達克驚訝的說：「怎麼只剩你一個，其他的小精靈呢？」

小精靈不理會達克，對比思克說：「好久不見了。」

小精靈的話不但把達克搞得一頭霧水，也讓比思克摸不著頭緒，達克和比思克齊聲問道：「這是怎麼一回事？」

第十五章

# 最終章

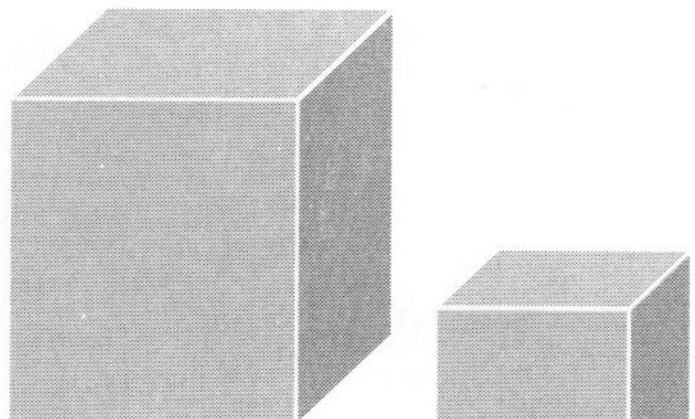

小精靈頑皮的說：「比思克，你真的忘了我嗎？以前你還曾經和我討論過DNA呢！」

比思克說：「你是賽加？」

小精靈點點頭，說：「對，不過只對一半，我現在是達克的一個魔法細胞，一個有賽加記憶的魔法細胞。」

達克更是驚訝，說：「你是我的魔法細胞，那其他的小精靈呢？」

小精靈說：「已經回到你的體內了，難道你一直都沒有發覺，每一次轉移，我們就會變少，而你的力量就會增強，甚至能夠使用你不會的魔法，那些魔法都是『生命魔法』，因此幾次下來，我們幾乎都回到你的體內了，所以現在只剩下我一個了，等我回到你的體內，『微縮魔法』就會解除了。」

達克滿腦的疑惑，問：「那你們爲什麼會在雷蒙的研究室的光球裡面？」

小精靈在達克身旁繞了一圈，說：「因爲那個光球就是我留下來的靈球，那個靈球一直都在雷蒙的體內，所以雷蒙才會有那麼強的魔法力量，當雷蒙發現『微縮魔法』的時候，靈球就己經覺醒，並幫助雷蒙完成『微縮魔法』，雷蒙一直找不到『微縮魔法』的解法，所以一直認爲『微縮魔法』是未完成的，他根本不知道『微縮魔法』的解法就是完成『生命魔法』。」

§　§　§　§

幾天的激戰，雷蒙與貝亞已經慢慢佔了上風，噬光獸怒吼著，說：「你們真的很強，甚至比我更強，千萬年以來，你們是第一個能和我戰鬥到這種地步的精靈，我實在很佩服你們，但是你們已經輸了。」說完噬光獸狂笑了起來。

雷蒙認爲噬光獸只是在逞口舌之能，因爲勝利已經明顯偏向雷蒙，所以雷蒙對噬光獸的話不予理會，施展肉體強化魔法，疾速向噬光獸衝去，噬光獸也擺動強力的尾巴，掃向雷蒙，就在這一瞬間，雷蒙覺得全身動彈不得，彷彿所有的魔法在一瞬間都消失了，貝亞覺得不對勁，迅速施展「轉移魔法」，來到雷蒙身旁，代替雷蒙挨了噬光獸一擊。

雷蒙和貝亞被噬光獸一擊掃向岩壁，重重撞在岩壁之上，然後雙雙墜落在地上，噬光獸得意的說：「你們實在太得意忘形了，竟然連封印獸入侵到你們體內，都沒發覺，這也註定你們要成爲我的點心。」噬光獸說完又再度笑了起來。

貝亞奄奄一息的躺在雷蒙懷裡，忍住痛苦，自嘲的說：「噬光獸真是不懂得憐香惜玉，

對我這麼可愛的精靈竟然下手這麼重。」說完忍不住從口中吐了口鮮血。

雷蒙看見貝亞吐出紫色的鮮血，知道貝亞的內臟已經破裂，焦急的雷蒙無法使用魔法替貝亞治療，只能將貝亞摟在懷裡，說：「貝亞，你怎麼這麼笨，爲什麼要替我挨這一擊？如果妳死了，叫我怎麼辦？」

貝亞笑了笑，說：「我很早以前，就很想像這樣躺在你的懷裡，現在能實現這個願望，我覺得挺值得的。何況如果你死了，我也不想獨自活著。」

雷蒙緊緊抱著貝亞，一臉愧疚的說：「對不起，是我沒注意到封印獸，是我的疏忽害了你，對不起。」

貝亞勉強的舉起右手，撫摸著雷蒙的臉頰，說：「不要自責，可以死在你的懷裡，我已經很滿足了，雷蒙，我想問你，如果我們幸運的活著回去，你願意娶我嗎？」

雷蒙點點頭，說：「願意，如果你不死，我一定要你，千萬不要死。」

貝亞笑了笑，伸出大姆指，說：「這是你說的，不准賴皮喔！」雷蒙忍住心中的悲痛，伸出大姆指，和貝亞的姆指抵在一起，說：「嗯！我雖然叫雷蒙，但從不賴皮。」貝亞開心的笑著，鮮血又從口中噴了出來。

噬光獸在一旁，不耐煩的說：「說完情話了嗎？說完了就準備當我的點心吧！」

§　§　§　§

小精靈似乎感受到雷蒙與貝亞的危機，慌張的說：「達克，我們該走了！」

達克說：「去哪？」小精靈二話不說，帶著達克就消失了，比思克看著達克消失，自言自語的說：「希望達克能讓魔法世界恢復原貌，讓黑暗谷消失掉，你是這麼想的吧，賽加。」

旅程中，達克問小精靈說：「我該叫你小精靈還是賽加長老？」達克說著，眼中透露著古靈精怪的眼神。

小精靈知道達克的心意，笑了笑說：「我只是你的一個魔法細胞，你還是叫小精靈好了。」達克也開心的笑了起來。

一會兒，達克才收起笑容，說：「看你剛才緊張的樣子，我們現在要去哪裡？」

小精靈鼓動著翅膀，說：「雷蒙和貝亞有危險，我們要去幫他們。」聽到這裡，達克也開始著急，不斷地催促小精靈。

當達克來到新的地方，只看到一個傷心欲絕的ＤＮＡ，達克走近ＤＮＡ，ＤＮＡ看到達克，叫了出來：「達克，我是雷蒙。」

達克興奮的跑了過去，抱住雷蒙，說：「我好想你，你和貝亞怎麼了？」

雷蒙說：「貝亞被噬光獸打傷，已經奄奄一息了，我也被封印獸感染，失去所有的魔法。」

達克說：「我來幫你。」達克說完，馬上閉上眼睛集中精神，身上發出淡紅色的光芒，一段ＤＮＡ無聲無息的出現在達克身旁。雷蒙對這段ＤＮＡ感到不解，問：「這是什麼？」

達克說：「這是一段自殺基因，可以用來對付封印獸。」說完轉頭對自殺基因說：「去尋找封印獸，發揮你的功能。把所有的封印獸都消滅。」自殺基因聞言馬上消失尋找封印獸。

達克接著對雷蒙說：「我們一起消滅噬光獸，我會透過你的身體使用『生命魔法』，希望你能同意。」

雷蒙笑了笑，說：「我的身體隨便你用，不用客氣。」

噬光獸一步步逼進雷蒙和貝亞，張開了血盆大口，咬向雷蒙，就在生死交關的一瞬間，雷蒙的魔法恢復了，雷蒙抱起貝亞，施展「移轉魔法」，讓噬光獸撲了個空，噬光獸一臉不可思議，問：「你是怎麼恢復魔法的？」

雷蒙一面將右手放在貝亞腹部，使用「回復魔法」，保住貝亞的生命，一面說：「想不到吧，封印獸已經被消滅了。」

噬光獸愕然，說：「那是不可能的，沒有魔法能夠消滅封印獸，除非……不可能，你不是賽加，也不可能會『生命魔法』，不可能，不可能的。」

雷蒙看貝亞的臉色已經由暗綠轉為翠綠色，輕輕將貝亞放在地上，說：「我會平安將你送回去，放心好了。」

貝亞點點頭，臉上充滿幸福的微笑，說：「不要忘了剛才的承諾。」

雷蒙點頭，在貝亞的額頭輕輕一吻，伸出大姆指說：「我不會忘記，放心。」

雷蒙說完，集中精神，召喚一個蛋白質，蛋白質說：「主人，有何吩咐。」

§　§　§　§

雷蒙對蛋白質說：「去開啓噬光獸體內所有致癌基因。」蛋白質聽到雷蒙的命令，立即向噬光獸衝去，鑽入噬光獸體內。

噬光獸看著蛋白質衝入自己體內，驚愕不已，更不知道發生了什麼事，很快的，噬光獸體內所有的細胞都不停增殖，外形也不斷隨著細胞增殖而扭曲變形，最後終於從內部爆開，變成地上的一團細胞，而古西斯正站在這團細胞的中央。

古西斯看到雷蒙和貝亞，興奮的跑到雷蒙面前，說：「剛才我在噬光獸的肚子裡面，全力施展我最強的『光龍魔法』，終於把噬光獸消滅了，是不是很了不起。」

雷蒙點了點頭，說：「的確了不起。」說完抱起貝亞，和古西斯一同走回魔法世界見精靈長老。噬光獸消滅的同時，黑暗谷上空的紅雲正慢慢的散去，天空也漸漸變亮，限制魔法的結界也隨著噬光獸的消滅而消失，原本生活在黑暗谷的怪物也從噬光獸的限制魔法中解脫，再也不用過著相互殘殺的日子。

比思克見黑暗谷的天空變亮，自己的皮膚也從黑色慢慢轉成翠綠色，興奮的自言自語說：「賽加，謝謝你，謝謝你讓我有機會重見天日，我會好好珍惜往後的日子。」

精靈長老遠遠看見黑暗谷上空的紅雲逐漸散去，知道雷蒙和貝亞已經順利完成任務，興奮的召集所有精靈，一齊到村口迎接雷蒙和貝亞凱旋而歸。

雷蒙、貝亞和古西斯帶著一身疲累到村口，看到村口擠滿了精靈，長老、所有魔法戰士、魔法師和一般的精靈幾乎全都到齊了，看到如此盛大的歡迎場面，雷蒙和貝亞都顯得有些不自在，但古西斯卻如魚得水，滿身疲憊都在瞬間消失，開始比手劃腳，吹虛了起來說：「噬光獸完全不怕魔法攻擊，所以我就用計讓噬光獸將我吃下去，最後我才用『光龍魔法』，從噬光獸體內將……」古西斯說得口沫橫飛，但所有精靈全簇擁在雷蒙和貝亞身旁，沒有精靈理會古西斯的話，但古西斯仍興奮的述說著自己在黑暗谷的英勇事蹟。

§　§　§　§

消滅了噬光獸之後，小精靈問達克，說：「要不要讓雷蒙記得你幫他的事？」達克好奇的問：「記不記得有什麼分別嗎？」

小精靈飛到達克肩上，坐了下來，說：「當然有分別，如果雷蒙記得是你幫他的，他會把所有的功勞都給你，到時你會成爲魔法世界的英雄，還會變成魔法導師。如果雷蒙

不記得的話，所有的功勞就會落在雷蒙身上，不過你也不會變成以前的達克，至少你也得到了自己的魔法細胞，不會再是從前那個不會魔法的達克。」

成爲魔法導師，的確讓達克心動。達克從前也不只一次夢見自己成爲魔法導師。但是達克很快就搖搖頭，謙虛的說道：「我覺得我還不夠資格成爲魔法導師，況且我還是喜歡當我自己，功勞就給雷蒙吧！」

小精靈滿意的點點頭，將達克帶離雷蒙的細胞，說：「達克，你不用擔心雷蒙會記得這些事，我已經把雷蒙的這段記憶消去了。」

達克點點頭，說：「我們也該回去了，小精靈，回到我身上來吧！」

小精靈搖搖頭，說：「還沒還沒，還有最後一件事，做完就可以回去原來的世界。」

達克問：「還有什麼事，不是所有的事都解決了嗎？」

小精靈說：「難道你忘了，你心中一直有一個遺憾。」

達克說：「你是說，當哥哥的事。」小精靈微笑的點點頭。

小精靈帶著達克回到小瑪麗剛要生產的那天，達克看著小瑪麗的肚子，裡面的小達克正努力的想要爬出小瑪麗的肚子，小雷蒙在後面苦苦追趕，眼看小達克已經要成爲哥哥了。

達克問小精靈，說：「爲什麼我沒有跌倒，這和我知道的歷史不一樣。」只見小精靈笑而不答。

經過這麼長的旅程，達克已經不像從前那樣傻不隆冬，很快的達克已經意會小精靈的意思，搖著頭笑笑說：「原來如此，你這個可惡的小精靈。」

小精靈也報以微笑，達克施展魔法，把小瑪麗肚子裡的小達克絆倒，小雷蒙順勢超越了小達克當了哥哥，達克又施展魔法，把小達克的魔法細胞抽出，加到小雷蒙體內的靈球裡面。

達克轉頭對小精靈說：「你這個可惡的小精靈，竟然要我自己安排這樣的路，能告訴我爲什麼嗎？」

小精靈說：「你是被我選爲魔法導師的精靈，要學『生命魔法』就必須要有憐憫的心，精靈必須經過許多挫折，學會流淚才能有憐憫的心。當初我也是遭遇許多挫折，看見魔法世界的毀滅才擁有憐憫的心。從現在起，你可以自由選擇自己的路，因爲你已經是魔法導師。」

達克聽到魔法導師，嘴角微揚笑了笑，說：「爲什麼選中我？」

小精靈飛到達克面前，說：「因爲你和雷蒙是雙胞胎兄弟，賽加的記憶和靈球必須分別依附在不同的胎兒才能進入魔法世界，但分別存在不同的個體，又會因爲不同個體的DNA不同，讓賽加的記憶和靈球沒有辦法合併，要解決這個難題，只有依賴雙胞胎，所以我才會一直等到你和雷蒙出現，只是這一等就是一千多萬年。」

達克恍然大悟，問道：「你進到我體內之後，你還會保有賽加的記憶嗎？」

小精靈搖搖頭，說：「不會了，只要我回到你的體內，就會完完全全成爲你的細胞，所有賽加的記憶都會被封印，除非你再將我抽離你的身體。」說完，小精靈在空中繞了二圈，融進了達克體內，同時也解除了「微縮魔法」，達克又回到雷蒙的研究室。

雷蒙打敗噬光獸，讓黑暗谷重見光明的偉大事蹟，已經在魔法世界成爲傳奇，雷蒙也因此被所有精靈們尊稱爲魔法導師，但是在雷蒙的心中，始終覺得有一絲的遺憾，彷彿忘記了一件很重要的事，只是不論雷蒙怎麼想都想不起來。

精靈長老爲雷蒙和貝亞舉行了最盛大的結婚典禮，達克開開心心的看著貝亞嫁給雷蒙。魔法結界隨著「微縮魔法」的解除，也恢復了強度，小瑪麗也恢復了年輕。比思克帶著從黑暗谷解脫的精靈移居到魔法世界的另一邊，從此過著最純樸的生活。

微風輕輕吹過魔法小學，達克很認真的聽著課，從小到大，達克從來都沒有這麼認真的聽過課，偶爾，達克會望向窗外，看著隨風飄落的黃葉和操場上玩耍的精靈小學生，回想曾經發生過的一切，到現在都仍像是一場夢。

「達克，你在想什麼，怎麼不好好上課。是我教得不好嗎？」一陣親切，悅耳的聲音響起，達克連忙回過神來，說：「貝亞老師，我在想要怎麼把老師教的好好學會。」

達克的話惹來全班一陣哄笑，貝亞走到達克身邊，拍拍達克的肩，說：「加油，達克。」

達克開心的點點頭。

# 生命魔法書

作　　者／邊成忠・李湘雄
發 行 者／弘智文化事業有限公司
登記證：局版台業字第 6263 號
發 行 人／邱一文
出 版 者／書僮文化
地址：台北市丹陽街 39 號 1 樓
E-mail:hurngchi@ms39.hinet.net
郵政劃撥：19467647　戶名：馮玉蘭
電話：（02）2395-9178・2367-1757
傳真：（02）2395-9913・2362-9917
經 銷 商／旭昇圖書有限公司
地址：台北縣中和市中山路二段 352 號 2 樓
電話：（02）22451480　傳真：（02）22451479
製　　版／信利印製有限公司
版　　次／2001 年 12 月初版一刷
定　　價／280 元

**特 惠 價／220 元**

ISBN ／957-957-0453-42-7

國家圖書館出版品預行編目資料

生命魔法書 / 邊成忠，李湘雄作. -- 初版. -

臺北市 : 弘智文化，2001[民 90] 面 ; 公分

ISBN 957-0453-42-7(平裝)

1. 生命科學 - 通俗作品

360 90016619